農

U0034598

農學歷史與農業科技

李姍姍 編著

崧燁文化

目錄

農學春秋：農學歷史與農業科技

目錄

溉田造地——農業工程

溉田造地——農業工程

農事文化——農諺農時

序言

文化是民族的血脈，是人民的精神家園。

文化是立國之根，最終體現在文化的發展繁榮。博大精深的中華優秀傳統文化是我們在世界文化激盪中站穩腳跟的根基。中華文化源遠流長，積澱著中華民族最深層的精神追求，代表著中華民族獨特的精神標識，為中華民族生生不息、發展壯大提供了豐厚滋養。我們要認識中華文化的獨特創造、價值理念、鮮明特色，增強文化自信和價值自信。

面對世界各國形形色色的文化現象，面對各種眼花繚亂的現代傳媒，要堅持文化自信，古為今用、洋為中用、推陳出新，有鑑別地加以對待，有揚棄地予以繼承，傳承和昇華中華優秀傳統文化，增強國家文化軟實力。

浩浩歷史長河，熊熊文明薪火，中華文化源遠流長，滾滾黃河、滔滔長江，是最直接源頭，這兩大文化浪濤經過千百年沖刷洗禮和不斷交流、融合以及沉澱，最終形成了求同存異、兼收並蓄的輝煌燦爛的中華文明，也是世界上唯一綿延不絕而從沒中斷的古老文化，並始終充滿了生機與活力。

中華文化曾是東方文化搖籃，也是推動世界文明不斷前行的動力之一。早在五百年前，中華文化的四大發明催生了歐洲文藝復興運動和地理大發現。中國四大發明先後傳到西方，對於促進西方工業社會發展和形成，曾造成了重要作用。

中華文化的力量，已經深深熔鑄到我們的生命力、創造力和凝聚力中，是我們民族的基因。中華民族的精神，也已

農學春秋：農學歷史與農業科技

序言

深深植根於綿延數千年的優秀文化傳統之中，是我們的精神家園。

總之，中華文化博大精深，是中華各族人民五千年來創造、傳承下來的物質文明和精神文明的總和，其內容包羅萬象，浩若星漢，具有很強文化縱深，蘊含豐富寶藏。我們要實現中華文化偉大復興，首先要站在傳統文化前沿，薪火相傳，一脈相承，弘揚和發展五千年來優秀的、光明的、先進的、科學的、文明的和自豪的文化現象，融合古今中外一切文化精華，構建具有中華文化特色的現代民族文化，向世界和未來展示中華民族的文化力量、文化價值、文化形態與文化風采。

為此，在有關專家指導下，我們收集整理了大量古今資料和最新研究成果，特別編撰了本套大型書系。主要包括獨具特色的語言文字、浩如煙海的文化典籍、名揚世界的科技工藝、異彩紛呈的文學藝術、充滿智慧的中國哲學、完備而深刻的倫理道德、古風古韻的建築遺存、深具內涵的自然名勝、悠久傳承的歷史文明，還有各具特色又相互交融的地域文化和民族文化等，充分顯示了中華民族厚重文化底蘊和強大民族凝聚力，具有極強系統性、廣博性和規模性。

本套書系的特點是全景展現，縱橫捭闔，內容採取講故事的方式進行敘述，語言通俗，明白曉暢，圖文並茂，形象直觀，古風古韻，格調高雅，具有很強的可讀性、欣賞性、知識性和延伸性，能夠讓廣大讀者全面觸摸和感受中華文化的豐富內涵。

肖東發

農業新空──作物種植

中國農作物的種植，始於新石器時期，當時已有粟、黍、小麥、水稻等糧食作物，麻、苧、葛等纖維作物等。

經過幾千年的發展變化，終於形成了糧食以稻麥為主，油料以大豆等為主，蔬菜以多品種為主的古代本土農作物種植布局，這是我們今日作物布局的歷史依據。

在農作物種植過程中，中國先民創造了豐富的栽培技術，推動了古代農業的發展。同時，南北方自古就已分別形成了以「種稻飯稻」和「種粟飯粟」的農耕飲食文化。

▌古代重要的糧食作物稻

稻是中國古代重要的糧食作物之一。

　　中國是亞洲稻的原產地之一，其馴化和栽培的歷史，至少已有七千年。

　　中國古代在稻的栽培技術方面有很多經驗，如火耕水耨、輪作和套種等，成為世界栽培水稻的起源中心，並且推廣至東亞近鄰國家。

　　此外，先民對稻資源的利用處於世界先進行列。

■《五穀圖》中的水稻

　　在廣西壯族自治區流傳著許多關於稻作文明的民間傳說故事。比如，水稻的品種開始的時候是像柚子那麼大的，水漲以後，把它淹沒了，稻神山阿婆把水稻種子拿回來，經過改良，種子才變得小顆，才是現在這個樣子。

　　還有一種說法是，水稻一年割了好幾次，人們太辛苦了，所以稻神就把它變成了只是一年兩熟或者一年一熟。

這樣的神話和傳說故事，說明這裡保留著遠古的訊息，都指向了稻作文明的發源。

水稻是中國的本土農作物。中國已發掘的新石器時期稻作遺存，分佈廣泛。其中早的是湖南澧縣彭頭山遺址發掘的水稻遺存，屬新石器時期早期文化，具體年代尚未確定。

其後是浙江羅家角的稻作遺存，距今已有七千多年，秈稻和粳稻並存。浙江餘姚河姆渡遺址出土的大量碳化稻穀和農作工具，尤為引人注目。它們都是世界是早的稻穀遺存之一。

河姆渡遺址是中國南方早期新石器時代遺址，位於距寧波市區約二十公里的餘姚市河姆渡鎮，面積約四萬平方公尺，一九七三年開始發掘，是中國目前已發現的最早的新石器時期文化遺址之一。是中華民族文化的發源地之一。

黃河流域也發現了不少距今已有四五千年新石器時期的水稻遺存，如河南澠池仰韶文化遺址、河南淅川黃楝樹村和山東棲霞楊家圍遺址，充分說明黃河流域稻作栽培的歷史也很悠久。

從史籍記載上看，「稻」字，初見於金文。《詩經》中涉及稻的詩句不少，如「十月獲稻」、「浸彼稻田」等，說明早在三千多年以前的商周時期，已經有不少稻的明確記載。

戰國時的《禮記·內則》中有「陸稻」，《管子·地員》中亦有「陵稻」，二者都是旱稻。《禮記月令》中還有「秫稻」的名稱，是糯稻。

　　野生稻在中國境內也有廣泛分佈，這在很早以前的古籍中就有記載。戰國時的《山海經·海內經》記載了南方的野生稻。

　　後來查明普通野生稻是栽培稻的祖先，其分佈在廣東、廣西、雲南、臺灣等省區都有分佈。

　　夏商至秦漢在新石器時期，稻在南北均有種植，主要產區在南方。自夏商至秦漢期間，除南方種植更為普遍外，在北方也有一定的發展。並且，當時包括今廣東、廣西大部地區在內已有雙季稻出現。

　　野生稻普通野生稻是栽培稻的近緣祖先。普通野生稻經過長年的進化，成為現代的栽培稻。中國的野生稻資源分佈十分廣泛。南起海南省三亞市，北至江西東鄉縣，東起臺灣省，西至雲南省盈江縣都發現過野生稻。如此豐富且分佈廣泛的野生稻資源為世界所矚目。

　　三國至隋唐期間，北方種稻繼續發展。唐代時在農業新空黃河流域不少地方都種稻，同時在西北及東北地區也有初步發展。在西部的廣大地區種稻也有相當規模。南方也有較多的發展。

　　雙季稻是指在同一塊稻田裡，一年中種植和收穫兩季水稻的一種稻作制度。並按其栽培方式不同，又可分為雙季連作稻、間作稻和混作稻等。雙季稻在中國具有悠久的種植歷史。雙季稻的出現對充分利用自然資源和勞力資源，增加糧食產量起了十分重要的作用。

宋元至明清時期，稻在南北方均有發展。宋太宗曾命何承矩為制置河北沿邊屯田使，在今河北的雄、莫、霸等州築堤堰工程，引水種稻。在今高陽以東至海長的大範圍內全闢為稻田，後又擴大到河北南部和河南南陽等地區。

元代王禎《農書》記載，在包括後來的陝西省、河南省部分地區在內的「漢沔淮潁上率多創開荒地」，且「所撒稻種」之「所收常倍於熟田」。《農桑輯要》還強調，只要「塗泥所在」之處，「稻即可種」，而「不必拘以荊揚」等地。

明清時期，在北方也開闢不少稻田，清代還在應變畿地區設京東、京西等四局，大量闢田種稻，並在西北及山西等地擴大稻區。清代時新疆西藏也發展了種稻。在南方，宋代時廣西、海南島多種稻，明清時在鄂、湘、贛、皖、蘇、浙分佈有雙季連作稻。在浙、贛、湘、閩、川等地分佈有雙季間作稻，兩廣則多雙季混作稻。在廣東廣西南部的一些地方還出現了三季稻。明清時期水稻栽培幾乎已遍及全國各地。

古代在稻的栽培技術方面也有很多經驗，突出的有火耕水耨、輪作和套種、育秧技術、施肥技術、灌溉和烤田。

火耕水耨是古代一種耕種方法，即燒去雜草，灌水種稻。

在稻田輪作方面，有中國至遲在九世紀以前已出現了稻麥輪作，宋代更為迅速發展。據記載，宋太宗時曾在江南、兩浙、荊湖、嶺南、福建等地推廣種麥，促進了稻麥二熟制的發展。

南宋時因北方人大量南遷，需麥量激增。政府以稻田種麥不收租的政策，鼓勵種麥，故稻麥輪作更為普遍。

明清時期發展更快，如稻後種豆，收豆種麥、雙季稻後種麥或豆或蔬菜、雙季稻後種甘薯或蘿蔔、雙季甘薯後種稻等三熟輪作制已相繼出現。有些三熟制形式還由兩廣福建逐漸向長江流域推進。

水稻育秧移栽技術，始見於漢代文獻。《四民月令》五月條說：「是月也，可別稻及藍，盡至後二十日止。」「別稻」就是移栽，「至」就是夏至。

關於水稻施肥技術，古代基肥稱為「墊底」，追肥叫做「接力」。明清時期對基肥和追肥的關係已有深刻的認識，重施基肥使苗易長，多分蘗，並能抗澇抗旱，積累了單季晚稻很好的施肥經驗。

烤田是古代非常重視的問題，早在《齊民要術》中就指出「薅訖，決去水曝根令堅」。明代《菽園雜記》和清代《梭山農譜》等還指出冷水田要進行重烤。重烤冷水田，可促進稻苗生育。

中國是世界上水稻品種資源豐富的國家。到了清代，《古今圖書集成》收載了十六個省的水稻品種三千四百多個。後來保存有水稻品種資源約三萬多份，它們是長期以來人們種植、選擇的結果。

其中有適於釀酒的糯稻品種，特殊香味的香稻品種，特殊營養價值的紫糯和黑糯，特別適宜煮粥的品種，適於深水栽培不怕水淹的品種，莖稈強硬不易倒伏的品種。

糯米在古代作為主食、釀酒以外，還是重要的建築原料，古人用糯米和石灰等築城牆。此外，歷代一些本草書中，還

常據糯、粳、秈的食性寒熱不同，以之入藥，治療某些疾病或調理脾胃功能。

閱讀連結

「稻神祭」是廣西壯族自治區隆安每年農曆五月十三傳統習俗，傳承了幾千年。

整個活動分為求雨、祭農具、招稻魂、驅田鬼、請稻神、稻神巡遊六個內容。

稻神巡遊賜福於民活動，是稻神祭一個重要的活動內容，也是民眾為期盼的一種祈福儀式。為求得稻神的賜福，在巡遊當中，各家各戶都在自家門前焚香點炮，恭迎稻神到來，場面熱烈非凡。

稻神祭是古代先民在長期的農耕生產中，創造出來的稻作文化，是壯族先民勤勞與智慧的體現。

▌歷史悠久的經濟作物麻

麻是古代麻類作物的總稱。麻是中國原產農作物，栽培歷史至少已有五千年。

麻在古時種植範圍很廣，呈現出從北方向南方發展的趨勢。並在長期的推廣和生產實踐中總結出了適宜南北方的栽培技術。

在中國古代，麻是早用於織物的天然纖維，有「國紡源頭，萬年衣祖」的美譽。

■古代的麻布衣

在小興安嶺西坡南麓，有座不太高的桃山，這一帶流傳著關於麻丫頭的傳說。

從前，山裡住著一個窮人叫王富，他父母早亡，地主黑心狼逼他頂了父債，每天催他上山砍柴，回來做零活，王富天天總是累得筋疲力盡。

一天，王富上山砍了一些柴，驀然，在他面前出現一位秀美的姑娘，她的臉上有幾個淺白麻子，倒顯得特別俊俏。

姑娘手中提個籃子，飄飄然來到王富跟前，從籃裡拿出兩個饅頭給王富讓他吃，然後拿起斧頭就去砍柴。

王富吃完饅頭，姑娘已經砍了一大堆柴。當王富正想上前說聲謝謝，姑娘向他嫣然一笑，拎起籃子向山上走去，轉眼不見了。

從此，王富天天上山都能見到她；她天天幫助地砍柴，王富心裡總是樂滋滋的。從此，人們再也看不到王富那種愁容疲憊的樣子了。

後來，地主黑心狼知道了這件事，就假惺惺地說：「她一定是個妖精，」並告訴王富，「你明天再上山帶一團紅線，紉上針，待砍完柴，有意靠近她，把針別在她身上，我順線可以找到她，然後讓她給你做媳婦。」

黑心狼還威逼他說，如果不照做，就讓他做一輩子苦工。

第二天，王富極不自願地照著做了。當天晚上，王富忽然聽到磨房裡傳來一陣女人的哭聲。他走近磨房，但門上著鎖了。他從窗縫往裡一看，驚呆了，這正是他要找的那位麻丫頭。

麻丫頭輕聲說：「王富哥，快來救我呀！」

王富用斧頭把鎖砸開，闖進磨房給麻丫頭鬆了綁。

麻丫頭說：「我身後有一條紅線，黑心狼就是順著這條線把我抓住的。現在快幫我把紅線拿下來。」

王富痛悔萬分，摘掉線後，兩人一起向村外的遠山方向跑去。他倆剛跑出村口，黑心狼就領著家丁趕來了。

王富驚恐萬分，麻丫頭掏出用麻線編織的一塊手帕，並讓他站在手帕上面，然後用手一拂，手帕變成了一朵白雲，二人便騰空而起，農學春秋飛向了遠山。

後來，桃山一帶長滿了麻，當地的人們就用它來搓繩，婦女們用來納鞋底，男人們用來做農具上用的繩子。麻成為了人們生活、生產中的重要物資。

麻做繩是它的主要用途。麻起源於中國，從考古發現和文字記載上看，中國麻栽培已有悠久歷史。

先秦時期，麻主要分佈在黃河中下游地區。秦漢至隋唐時期，麻種植有很大發展，已經呈現從北向南發展的趨勢。

宋元時期麻在黃河流域仍很普遍，但在南方卻明顯縮減。明清時期，麻生產曾有一些發展，南方蘇、浙、皖、贛、川等不少地方還保留著較多的麻生產。

在古代，隨著麻種植面積的推廣，其栽培技術也得到了相應的發展。較突出的栽培技術有輪作、間作、套種，浸種催芽和冬播，多次追肥，提高灌溉水溫等。此外，在對麻的利用方面，也形成了一套成熟的經驗。

《補農書》又叫《沈氏農書》，明崇禎末年浙江的沈氏所撰。內容涉及農家月令，重要農事、工具和用品置備，記載水稻和桑樹栽培，還包括絲織和六畜飼養，講述農副產品的加工和貯藏知識。

在麻的輪作和間作套種方面，早在《齊民要術》中就指出，麻不宜連作而宜輪作，如連作會發生病害而影響纖維質量。當時麻有和穀子、小麥、豆類等輪作的習慣，還認為麻是穀子的較好前茬。

明末清初農書《補農書》談到浙江嘉興麻與水稻、豆類和蔬菜輪作情況時說道：

春種麻，麻熟，大暑倒地，及秋下蘿蔔。蘿蔔成，大寒復倒地，以待種麻，兩次收利。

■羅布麻線

麻的間、套、混種的歷史很早，《齊民要術》中就記載了不少經驗：一是在麻田內套種蕪菁，一是在種穀楮時與麻混播，目的是「秋冬仍留麻勿割，為楮作暖」，即起防寒作用。

該書反對在大豆地內間種麻，以免導致「兩損」而「收並薄」。

關於麻的浸種催芽，《齊民要術》提到以雨水浸種比用井水出芽快，水量過多不易出芽的經驗。這是大田作物浸種催芽方法的最早記載，並指出，土壤含水量多時可浸種催芽後播種，土壤水分少時則只浸種不催芽即行播種。

麻通常是春播和夏播，可是古代還利用麻耐寒的特性實行冬播，如元代《農桑衣食撮要》就指出「十二月種麻」，並說「臘月初八亦得」，直到後來仍在生產中應用。

《農桑衣食撮要》為元代傑出的維吾爾農學家魯明善著，整理漢族以及西北地區其他民族的生產經驗並加以傳播。

漢代以前一般不施追肥。《氾勝之書》首次提到：

種麻，樹高一尺，以蠶矢糞之，樹三升。無蠶矢，以溷中熟糞糞之亦善，樹一升。

這是中國有關麻施用追肥的早記載。

陳旉《農書》提出要「間旬一糞」，即隔十天就要追肥一次。其他如《農桑衣食撮要》、《三農紀》等都主張多次追肥，且要以蠶糞、熟糞、麻籽餅等和草木灰配合使用，這和今天麻追肥以氮肥為主，輔以鉀肥的原則是一致的。

關於麻的灌溉，《氾勝之書》提出：天旱以流水澆之，樹五升。無流水，曝井水，殺其寒氣以澆之。

這是因為井水溫度低，須經曝曬提高水溫後才能使用。

早在《尚書》、《詩經》、《周禮》、《爾雅》等古籍中就有專指雄麻和雌麻的字；也有稱雄麻為「牡麻」，稱雌麻為「苴麻」的。《氾勝之書》還指出要在雄麻散發花粉後才能收割。

《齊民要術》進一步指出，「既放勃，拔去雄」，如「若未放勃，去雄者，則不成子實」。所謂「放勃」，是指雄株大麻開花時散發的花粉。在雄株「放勃」，雌株受粉後，拔除雄株可利用其麻皮，並有利於雌株的生長和種子的發育成熟。如果在「放勃」前拔去雄株，雌株就不能結實。

《齊民要術》還指出，雄株未「放勃」前即收，因未長足，會影響纖維質量，如「放勃」後不及時收穫，麻老後，皮部會累積很多有色物質而降低品質。

這種對植物雌雄異株的認識及其在生產上的應用，是世界生物史上的一項傑出貢獻。

中國的漚麻技術有悠久的歷史和豐富的經驗。《氾勝之書》、《齊民要術》、王禎《農書》等介紹了漚麻所宜的季節、水溫、水質、水量等經驗，認為在漚麻過程中如何掌握好發酵程度是極為重要的關鍵。

《齊民要術》提出「生則難剝，大爛則不任」，要漚得不生和不過熟才行，否則會影響纖維質量。

清代《三農紀》中詳細介紹了當時老農漚麻的好經驗，將麻排放入漚池後：

至次日對時，必池水起泡一兩顆，須不時點檢。待水泡花疊，當於中抽一莖，從頭至尾摺之，皮與稈離，則是時矣。若是不離，又少待其時，緩久必泡散花收而麻腐爛，不可剝用。

得其時，急起岸所，束豎場垣。逢暴雨則麻瑩，曬乾，移入，安收停，剝其麻片……老農云：吃了一杯茶，誤了一池麻。

這種視水泡多少來判斷發酵程度的方法相當可靠，當水泡已起花而重疊滿佈時，表明麻已發酵，可試剝檢查，如皮和稈容易剝離時，說明麻已漚好，要立即起池；如至泡散花收時，則已漚過了頭，會導致麻皮腐爛而不能用。起池後要成束豎立，遇雨時不致受淹而使麻皮變黑或腐爛，至晴天再剝皮。

「逢暴雨則麻瑩」也有道理，因暴雨一般時間不長，因麻捆豎立、雨勢急等於進行一次沖洗，可除去汙物和雜質，故可使纖維潔白精瑩而提高質量。

古代對麻的利用是多方面的，首先是利用其纖維織布，也用來製毯被、雨衣、牛衣和麻鞋等。

麻籽曾作為糧食食用，如先秦文獻有不少將麻籽列為五穀之一的記載，明代《救荒本草》還將麻籽的嫩葉作為救荒食物，但麻籽供食用到宋以後已少見，故明代宋應星《天工開物》曾對此表示懷疑。

麻籽餅是古代重要的餅肥之一，還是很好的飼料，像《農政全書》指出用來飼豬，可「立肥」，飼雞可「日常生卵不抱」。

麻籽及花還是藥材，這在《神農本草經》、《本草綱目》等本草書中均有記載。突出的是從漢代開始就用麻纖維作造紙原料。

明代《種樹書》指出麥子曬後乘熱收貯時「用蒼耳葉或麻葉碎雜其中，則免化蛾」，說明麻葉有防蛀作用。

閱讀連結

古代民間做大麻餅歷史悠久，北宋時期就有「金錢餅」。

元末明初，朱元璋的將領張得勝是合肥人。有一次，朱元璋派張得勝率水軍攻打長江邊的港口裕溪口。

張得勝為了讓士兵們吃得飽，吃得好，更好地投入戰斗，吩咐家鄉父老製作一種以糖為餡的大「金錢餅」。家鄉子弟兵吃著家鄉的特產點心，精神振奮，一鼓作氣攻下裕溪口。

勝仗之後，朱元璋得知水軍當時吃家鄉點心，戰鬥力倍增的事後，高興地稱這種麻餅為「得勝餅」。

▌古老的糧食品種之一大麥

大麥屬禾本科植物，是一種主要的糧食和飼料作物，是中國古老糧種之一，至今已有五千年的種植歷史。

大麥現多產於淮河流域及其以北地區。它的栽培技術和小麥的栽培技術基本相同。

中國先民很早就對大麥的分佈及植物形態、生育期等已有明確的認識。

■《五穀圖》中的大麥

　　因為古代先民很早就開始栽培大麥，故而這種植物在舊有的食物鏈中佔有重要地位。

　　大麥在中國栽培歷史悠久。從文字記載上看，商代甲骨文中即有「麥」字，可能包括小麥和大麥。《詩經》中常常「來、牟」並稱，如「貽我來牟」、「於皇來牟」等，「來」指小麥，「牟」指大麥。

　　甲骨文又稱「契文」、「甲骨卜辭」或「龜甲獸骨文」，主要指商朝晚期，王室用於占卜記事而在龜甲或獸骨上契刻的文字，是中國已知最早的成體系的文字形式。甲骨文的發現，促進各國學者對中國上古史和古文字學等領域的深入研究，並開創了一門甲骨學。

　　古代稱大麥為麰。《孟子·告子上》說道：

　　今夫麰麥，播種而耰之，其地同，樹之時又同，浡然而生，至於日至之時，皆熟矣。雖有不同，則地有肥磽，雨露之養、人事之不齊也。

　　引文中的「麰麥」就是大麥。這段話的意思是說，以大麥而論，播種後用土把種子覆蓋好，同樣的土地，同樣的播種時間，它們蓬勃地生長，到了夏至時，全都成熟了。雖然有收穫多少的不同，但那是由於土地有肥瘠，雨水有多少，人工有勤惰而造成的。

　　周武王（約西元前一〇八七年～約前一〇四二年），姓姬，名發，謚號「武」，是周文王的次子。西周時代青銅器銘文常稱其為「斌王」，史稱「周武王」。他繼承父親遺志，

滅掉商朝，奪取全國政權，建立了西周王朝，表現出卓越的軍事和政治才能，成為了中國歷史上的一代明君。

《詩經·周頌·思文》中記載：

上天賜給周族人小麥、大麥，讓周武王遵循周的始祖后稷的旨意，以稼穡養育萬民的功業。

從這段話表明，小麥和大麥進入神話傳說並與周族的延續與擴大聯繫起來，可見這類作物與當時人們生活關係之密切。

從考古發現來看，在位於安徽省蚌埠市的禹墟的土壤標本浮選過程中，發現了史前大麥。

這個史前大麥標本可以證實在四千年前，人類已經掌握了大麥的人工培植，打破以前對於大麥的傳播和人工培植的農作物歷史研究，在農業史和環境歷史研究上都是一個突破。

在甘肅省民樂縣六壩鄉東灰山新石器時期遺址中，發現的五種作物碳化籽粒中有碳化的大麥籽粒，與現在西北地區栽培的青稞大麥形狀十分相似，該遺址的年代距今已有五千年。這是迄今為止在中國境內發現最早的大麥遺存。

這項發現將人類的大麥種植史延伸至商周之前，是史前農業考古的一項重大突破。

另外，在對西藏、青海和四川西部的野生大麥進行聯合考察時，學者發現青藏高原幾乎存在包括野生二棱大麥在內的已發現的各種近緣野生大麥，及其一些變種。

　　賈思勰是北魏時人，為古代傑出的農學家，其所著《齊民要術》是中國現存的第一部系統農書，系統地整理六世紀以前黃河中下游地區農牧業生產經驗、食品的加工與貯藏、野生植物的利用等，對中國古代漢族農學的發展產生有重大影響。

　　早在新石器中期，居住在青海的古羌族就已在黃河上游開始栽培。表明青藏高原應是世界大麥的起源中心之一。特別是裸大麥，中國可能是主要發源地。

　　大麥分有稃大麥和裸大麥兩大類，通常所稱的大麥，主要指有稃大麥。裸大麥因地區不同名稱各異，如北方稱禾廣麥、米麥，長江流域稱元麥，淮北稱淮麥，青藏高原稱青稞等。大麥具有早熟、耐旱、耐鹽、耐低溫冷涼、耐瘠薄等特點，因此栽培非常廣泛。

　　大麥和小麥的栽培技術基本相同。在南北朝時期農學家賈思勰的農書《齊民要術》問世以前，秦國政治家呂不韋主編的古代類百科全書《呂氏春秋》、西漢末期農學家氾勝之的《氾勝之書》等，都把它們放在一起敘述。

　　《齊民要術》以後的農書，對大麥和小麥的植物形態、地域分佈、生育期、耐貯性等方面的差異，已有明確的認識。

　　如《齊民要術》說，大麥的生育期為兩百五十天，小麥的生育期為兩百七十天，二者相差二十天。

　　由於大麥生育期較短，有利於調節茬口矛盾，所以在南方的稻麥二熟制中佔有一定的比重。

明清之際，在嶺南地區更成為稻、稻、麥三熟制中的冬作穀物。

大麥的用途，古代除作食用外，還可用作飼料和醫療。《三農紀》說它「餵牛馬甚良」。

《吳氏本草》、《唐本草注》等說它有治消渴、除熱益氣、消食療脹及頭髮不白、令人肥健等多種功效。後來大麥主要用來製啤酒，這是一種世界級別的飲料。

閱讀連結

中國北方多用高粱、大麥、豌豆、小米、玉米等為原料製醋，南方則多用米、麩皮等製醋，而被北方人比較認同的便是「山西老陳醋」。

山西做醋的歷史大約有三千年之久。北魏賈思勰在其名著《齊民要術》中整理二十二種製醋法，有人考證認為就是山西人的釀造法。其中《大麥作醋法》一節，注云：「八月取清，別公甕貯之，盆合泥頭，得停數年。」

賈思勰曾在山西作過考察，他介紹的這種方法，正是山西老陳醋有別於其他釀醋法的獨特之處。

▌小麥的種植與田間管理

小麥是一種在世界各地廣泛種植的禾本科植物，是中國古代以來重要的糧食作物之一，栽培歷史已有四千多年。

中國小麥古時主要在北方種植，南宋時期北人南遷，南方開始發展種植。

到明代時，小麥的種植已經遍佈全國，並且在長期的實踐中總結出了小麥栽培的技術。

■小麥

在古代周朝的時候，有個天子叫周穆王，他特別喜歡玩耍作樂和到處巡遊。

當時中亞的大宛、安息等地都有麥的種植。《穆天子傳》記述周穆王西遊時，新疆、青海一帶部落饋贈的食品中就有麥。

小麥起源於外高加索及其鄰近地區。傳入中國的時間較早，據考古發掘，新疆孔雀河流域新石器時期遺址出土的碳化小麥，距今四千年以上。

雲南省劍川海門口和安徽省亳縣也發現了三千多年前的碳化小麥，說明殷周時期，小麥栽培已傳播到雲南和淮北平原。

甲骨文中有「來」和「麥」兩字，是麥字的初文。《詩經》中「來」、「麥」並用，且有「來」、「牟」之分，一般認為「來」指小麥，「牟」指大麥。後來古籍多用「麥」字。以後隨著大麥、燕麥等麥類作物的推廣種植，為了便於區別，才專稱「小麥」。

從考古發掘以及《詩經》所反映的情況看，春秋時期以前，小麥栽培主要分佈於黃淮流域，而在春秋戰國時期，其栽培地區繼續擴大；據《周禮·職方氏》記載，除黃淮流域外，已擴展到內蒙古南部。另據《越絕書》記載，春秋時的吳越也已種麥。

戰國時發明的石磨在漢代得到推廣，使小麥可以加工成麵粉，改善小麥的食用方法，從而促進小麥栽培的發展。

據《晉書·五行志》記載，晉大興年間，吳郡、吳興、東陽等地禾麥無收，造成饑荒，說明當時江浙一帶，已有較大規模的小麥栽培。其後，北方人大量南遷，江南麥的需要量大增，更刺激了南方小麥生產的發展。

據《蠻書》記載，唐代雲南各地也種小麥。宋代，南方的小麥生產發展更快，嶺南地區也推廣種麥。到明代小麥栽培幾乎遍及全國，在糧食生產中的地位僅次於水稻而躍居全國第二，但其主要產地仍在北方。

《蠻書》唐代安南經略使蔡襲的幕僚樊綽撰。又稱《蠻志》、《南蠻記》、《南夷記》、《雲南記》、《雲南史記》。共十卷，成書於約八六三年，記述六詔歷史等內容。所敘多

係作者親歷，史料價值較高，為唐代雲南地區歷史、地理、民族最系統的記載。

在長期生產實踐中，古代總結出了小麥栽培技術，如輪作和間作套種、種子處理、整地及田間管理等。

在輪作方面，漢代北方已出現小麥和粟或豆的輪作形式，宋代則在長江流域普遍實行稻麥輪作。

明清時期，北方的小麥、豆類和粟及其他秋雜糧的兩年三熟制有很大發展，而且在山東及陝西的少數地方也出現了稻、麥兩熟。

山西朔縣還出現了包括小麥在內的五年輪作制，南方的浙江、湖南和江西的一些地方還產生了小麥和稻及豆的一年三熟制。

在間作套種方法方面，明代的《農政全書》和清代的《齊民四術》都記載了松江等地在小麥田內套作棉花的棉麥二熟制。

另外，在《農政全書》及清代《補農書》、《救荒簡易書》和不少地方志中，記載了在小麥田內間作蠶豆及套種大豆等。

《農政全書》明代農學家徐光啟著。基本上囊括了古代農業生產和人民生活的各個方面。其中貫穿著徐光啟的治國治民的「農政」思想。貫徹這一思想正是《農政全書》不同於其他大型農書的特色之所在。但重點在生產技術和知識，可以說是純技術性的農書。

明清時期的林糧間作也有發展。《農政全書》中有在杉苗行間冬種小麥的記載。清代《橡繭圖說》也記載了在橡樹行間冬種小麥的經驗。

對於小麥的種子處理，《氾勝之書》中載有「以酢漿並蠶矢」在半夜「薄漬麥種」後，天明即行播種的方法。

明代《群芳譜》指出麥種以「棉籽油拌過，則無蟲而耐旱」。《天工開物》也說「陝洛之間，憂蟲蝕者，或以砒霜拌種子」。

清代《農蠶經》曾介紹用信煮小米為毒餌，調油後拌小麥種子，可誘殺地下害蟲的方法。同時還介紹了用乾青魚頭粉、柏油、砒及芥子末拌小麥種子，可防治「蜚蟲」即麥根椿象的經驗。

在整地方面，北方自古以來重視保墑防旱。《氾勝之書》中強調早耕，因為耕得早有利蓄墑保墑和增進地力。

《氾勝之書》西漢農學家氾勝之著，是西漢晚期的一部重要農學著作，一般認為是中國最早的一部農書，整合中國古代黃河流域的農業生產經驗，記述了耕作原則和作物栽培技術，對促進中國農業生產的發展，產生了深遠影響。

清代《農言著實》還指出先淺耕滅茬，後再耕地，隨即耙耢，就能保墑，無雨也能播種。《農圃便覽》則強調淺耕滅茬宜早，耕後必需耙細，才能保墑。

南方的稻麥兩熟田，在整地方面則普遍重視排水防澇，開溝作壟以利排水。

適時播種是古代普遍重視的問題。早在《呂氏春秋·審時》篇中就分析了小麥播種適時及失時的利弊。《氾勝之書》強調要適時播種。

《四民月令》認為播種時間要根據土壤肥力的不同而有所差別，主張瘦田要早播，肥田則可遲播。

《齊民要術》明確將小麥的播種期分為上、中下三時，指出遲播的用種量要增加。因各種原因而不能適時播種時，古代也有很多補救措施。

明清時期的農書也有相關論述。明代《沈氏農書》就說因田太濕不能下種。清代《農蠶經》又指出：

早種者得雨即出，苗瘦者得雨即肥。隔秋分十數日，如不甚乾即種之，不然愈待愈晚愈乾，悔何及矣。

另外還有採用冬播和早春播種的。

古代普遍認為要多施基肥。元代《農桑衣食撮要》及明代《群芳譜》等都提出麥田內先種綠肥，耕翻後種麥易茂。種肥多用灰糞，也有用豆餅者。

古代也要求多次施追肥，還重視臘肥的施用，如《農政全書》說「臘月宜用灰糞蓋之」，《齊民四術》也說「小麥糞於冬，大麥糞於春社」。

古代還有因科地土壤性質不同而施用不同肥料的經驗。王禎《農書》指出「江南水地多冷，故用火糞，種麥種蔬尤佳」，火糞就是燒製土雜肥。

在灌溉方面，《氾勝之書》指出「秋旱，則以桑落時澆之」，既可抗旱，又能使麥苗耐寒而安全越冬。清代《三農紀》又指出在小麥孕穗時灌溉能夠增產。古代還注意在麥田保雪抗旱。

鋤麥是古代麥田管理的重點。《氾勝之書》指出秋季鋤麥後壅根。早春解凍，待麥返青後再鋤，至榆樹結莢時雨止後，候土背乾燥又鋤，能「收必倍」。

理溝是古代南方稻田種小麥的重要管理措施。南方麥田理溝，有利於排水、壓草、抗倒伏，而且還有利於下季種稻。但理溝的時間宜早不宜遲。

古代一致認為小麥要及時收穫而不能遲延。古語雲「收麥如救火」，若少遲慢，一遇陰雨，即為災傷。很多農書也都強調早獲。

在貯藏方面，《氾勝之書》及《論衡·商蟲》都提出要曬至極乾後貯藏。晉代《搜神記》還說麥子用灰同貯可防蟲。

宋代《格物粗談》還說用蠶沙與麥同貯可免蛀。清代《齊民四術》則強調，要對容器進行消毒殺菌後再貯麥。

閱讀連結

小麥是外來作物中成功的一種，受到了廣泛的重視。中國歷史上種植的作物不少，而像麥一樣受到重視的不多。

先秦時期，在季春之月，天子就為小麥豐收向上蒼祈禱，此等重視程度是其他作物所沒有的。

　　漢時思想家董仲舒向漢武帝建議，在關中地區推廣宿麥種植。朝廷還向沒有麥種的貧民發放種子，並免收遭受災害損失者的田租和所貸出去的種子等物。

　　正是由於歷代朝廷的重視，小麥在中國得以成功推廣，並極大地影響了中國古代作物種植格局。

▎在古代占重要地位的大豆

■ 《五穀圖》中的大豆

　　大豆，中國古稱菽，是一種其種子含有豐富的蛋白質的豆科植物。大豆起源於中國，古代先民用大豆做各種豆製品，已經食用幾千年了。

　　中國古代在馴化和種植大豆的過程中，形成了種植密度和整枝等各方面較為成熟的栽培技術。此外，在大豆的利用方面，先民也總結了豐富的經驗。

劉安是漢高祖劉邦之孫，世爵為淮南王。劉安非常孝順父母，其母喜吃黃豆，有一次他的母親生了病，劉安把母親平時愛吃的黃豆磨成粉，用水沖著喝，並為了調味放入了一些鹽，結果就是出現了蛋白質凝集的現象。

劉安的母親吃了很高興，病也很快好了，於是鹽滷點豆腐的技術便流傳下來。

劉安（西元前一七九年～前一二二年），西漢皇族，淮南王。博學善文辭，好鼓琴，才思敏捷。招賓客方術之士數千人，編寫《鴻烈》亦稱《淮南子》，其內容以道家的自然天道觀為中心，認為宇宙萬物都是由「道」所派生。他善用歷史傳說與神話故事說理。

豆腐的製作技術在唐代傳入日本，以後又相繼傳到東南亞以及世界其他一些國家和地區。

中國古代利用大豆做豆製品的技術是很成熟的，其實這源於先民們很早就同大豆打交道了。

大豆是古代重要的糧食和油料作物。中國是大豆的原產地，也是早馴化和種植大豆的國家，栽培歷史至少已有四千年。

大豆古稱「菽」或「荏菽」，《史記·周本紀》中說：后稷幼年做遊戲時「好種麻菽，麻菽美。」如果這些傳說可信的話，則中國在原始社會末期已經栽培大豆了。

大豆因不易保存，考古發掘中發現較少，迄今已發現有吉林省永吉縣烏拉街出土的碳化大豆，經鑒定距今已有兩千六百年左右，為殷商時期的實物，是目前出土早的大豆。

　　殷商至西周和春秋時期，大豆已成為重要的糧食作物，被列為「五穀」或「九穀」之一。戰國時大豆的地位進一步上升，在不少古籍中已是菽、粟並列。《管子》還指出「菽粟不足」，就會導致「民必有饑餓之色」。

　　大豆在古代作為普通人的主糧，被稱為「豆飯」，不像稻、粱那樣被認為是細糧。而豆葉也供食，稱為「藿羹」。如《戰國策》就談到韓國「民之所食，大抵豆飯藿羹」，反映戰國的飲食情況。

　　先秦以前大豆主要分佈在黃河流域，長江流域的記載很少，《越絕書》曾提到越滅吳前的農產品價格，其中大豆的價格不如黍、稻、麥等，被稱為「下物」，似乎反映了當時南方對大豆仍不太重視。

　　秦漢至唐代末期，大豆的種植有很大發展。《氾勝之書》積極提倡多種大豆，強調多種大豆的重要性。東北地區此時也有一定數量的種植。

　　南方也有一定的進展，如前漢文學家王褒的《僮約》中有「十月收豆」的農事項目，反映當時四川已有相當面積的栽培。

　　九穀為古代九種主要農作物，所稱名目，相傳不一。《周禮·天官·大宰》提到「三農生九穀」，鄭玄註曰：「司農云：『九穀：黍、稷、秫、稻、麻、大小豆、大小麥。』九穀無秫、大麥，而有粱、苽。」《氾勝之書種穀》則說是小豆、稻、麻、禾、黍、秫、未、麥、大豆。

與此同時，東北地區的發展迅速，據《大金國志》記載，當時女真人日常生活中已「以豆為醬」。

　　清初由於大批移民遷入東北地區，促使大豆等作物更為發展。自康熙開海禁後，東北大豆使大批由海道南下，據清代《中衢一勺》記載「關東豆、麥每年至上海千餘萬石」。

　　乾隆年間還有對私運大豆出口要治罪的規定，可知清代前期東北地區已成為大豆的主要產區。

　　在大豆的栽培技術方面，古代先民除了注意整地、搶墒播種、精細管理、施肥灌溉、適時收穫、曬乾貯藏、選留良種等外，突出的有輪作和間、混、套種，肥稀瘦密和整枝。

　　王褒字子淵，蜀資中人，即現在的四川省資陽市。西漢文學家、辭賦家。王褒和他的作品對後世是有影響的。明代楊慎不僅在他編輯的《全蜀藝文志》裡選有王褒的作品，還專門作詩讚譽了王褒文采秀發，擅長辭賦。

　　關於輪作和間、混、套種，在《戰國策》和《僮約》中，已反映出戰國時的韓國和漢初的四川很可能出現了大豆和冬麥的輪作。後漢時黃河流域已有麥收後即種大豆或粟的習慣。

　　從《齊民要術》記載中，可看到至遲在六世紀時的黃河中下游地區已有大豆和粟、麥、黍稷等較普遍的豆糧輪作制。陳旉《農書》還總結了南方稻後種豆，有「熟土壤而肥沃之」的作用。

　　其後，大豆與其他作物的輪作更為普遍。如《山西農家俚言淺解》就談到有「一年豌豆二年麥，三年糜黍不用說，

四年茭穀黑豆芥，五年回頭吃豆角」的農諺，這是山西朔縣包括大豆在內的輪作制的經驗。

大豆與其他作物的間、混、套種的歷史也很早，《齊民要術》中有大豆和麻混種，以及和穀子混播作青茭飼料的記載。宋元間的《農桑衣食撮要》說桑間如種大豆等作物，可使「明年增葉二三分」。

明代《農政全書》說杉苗「空地之中仍要種豆，使之二物爭長」，清代《橡繭圖說》亦像橡樹「空處之地，即兼種豆」，介紹的是林、豆間作的經驗。

陳旉（一〇七六年～一一五六年），自號西山隱居全真子，又號如是庵全真子，南宋偏安時人。他的《農書》詳細總結了中國南方農民種植水稻以及養蠶、養牛等生產技術的豐富經驗，並且指出透過合理施肥改良土壤，可使地力「常新壯」。

清代《農桑經》說，大豆和麻間作，有防治豆蟲和使麻增產的作用。總之，大豆和其他作物的輪作或間、混、套種，以豆促糧，是中國古代用地和養地結合，保持和提高地力的寶貴經驗。

關於肥稀瘦密。《四民月令》明確指出「種大小豆，美田欲稀，薄田欲稠」，這是正確的。

因為肥地稀些，可爭取多分枝而增產；瘦地密些，可依靠較多植株保豐收。直到現在一般仍遵循「肥稀瘦密」的這項原則。

大豆的整枝至關重要。大豆在長期的栽培中，適應南北氣候條件的差異，形成了無限結莢和有限結莢的兩種生態型。

北方的生長季短，夏季日照長，宜於無限結莢的大豆；南方的生長季長，夏季日照較北方短，適於有限結莢的大豆。

在文獻上對此記載較遲，《三農紀》提到若秋季多雨，枝葉過於茂盛，容易徒長倒伏，就要「急刈其豆之嫩顛，掐其繁葉」，以保持通風透光。間接反映了四川什邡當地種植的無限結莢型的大豆。

古代對大豆的利用是多方面的。漢代以前，大豆作為食糧。

漢代開始用大豆製成食品的記載增多。《史記·貨殖列傳》已指出當時通都大邑中已有經營豆豉千石以上的商人，其富可「比千乘之家」，說明大豆製成的鹽豉已是普遍的食品。

關於豆腐的明確記載，始見於陶谷的《清異錄》。說其「潔已勤民，肉味不給，日市豆腐數個，邑人呼豆腐為小宰羊。」

有關以大豆榨油的記載，始見於北宋《物類相感志》，說明至遲在北宋以前已能生產豆油。豆餅和豆渣也是重要的肥料和飼料。在《群芳譜》中說道「油之滓可糞地」和「腐之渣可餵豬」。清初豆餅已成為重要商品，清末已遍及全國，並有相當數量的豆餅出口。

閱讀連結

中國古代有許多文人學士與豆腐結下了不解之緣。他們食豆腐、愛豆腐、歌頌豆腐，把豆腐舉上了高雅的文學殿堂，留下了許多讚美豆腐的妙句佳篇。

如唐詩中廣為流傳的「旋乾磨上流瓊液，煮月鐺中滾雪花。」宋代學者朱熹曾作《豆腐詩》：「種豆豆苗稀，力竭心已苦。早知淮南術，安坐獲泉布。」詩中描述了農夫種豆辛苦，如果早知道淮南王製作豆腐的技術的話，就可以坐著獲利聚財了。

這些千古佳句，表達了詩人對豆腐的依戀與嚮往之情。

▍古代的蔬菜及其栽培技術

中國是世界上栽培蔬菜種類多的國家，總數大約一百六十多種。常見的蔬菜有一百種左右，其中原產中國的和引入的各占一半。此外，中國栽培技術的精湛，以精耕細作著稱於世。

上古時的菜蔬為今天人們所熟悉的是韭，而一些古代大名鼎鼎的菜蔬隨著時代變遷，很多品種已退出蔬菜領域，成為野生植物，如荇、苕、苞之類。

■古代蔬菜

漢元帝時期，有一個叫召信臣的少府卿官，曾經在京師長安附近的皇家苑囿上林苑的太官園中，於隆冬季節，在溫室中種育出蔥、韭、菜等作物。

召信臣的方法是，先修造一座環形房屋，上面覆蓋著天棚，只能透光不透風，播下種。待開始出苗時，則在室內畫夜不停地生火，務使室內氣溫升高。

雖外面大雪飄飄，而室內春暖融融。不久終於培育出嚴冬季節十分罕見的時鮮蔬菜，為皇家所讚賞。

故事中召信臣的方法，可說是後來溫室栽培的雛形。其實，中國蔬菜歷代都有發展，品種逐漸豐富。漢代以前利用的蔬菜種類頗多，但屬於栽培的蔬菜，當時只有韭、瓠、筍、蒲等中國原產的少數種類。

東漢時增加到二十多種，以後又陸續增加，南北朝時達三十餘種。

上林苑是秦代初建、漢武帝劉徹在其舊址上擴建而成的宮苑，規模宏偉，宮室眾多，有多種功能和遊樂內容。漢代上林苑既有優美的自然景物，又有華美的宮室組群分佈其中，是包羅多種多樣生活內容的園林總體，是秦漢時期建築宮苑的典型。

其後至元末的數百年間，一直未超過四十種。明、清兩代增加較快，至清末，主要栽培蔬菜種類將近六時種，其中既有高等植物，也有屬於低等植物的食用菌類，還有豐富多彩的水生蔬菜。

古代在栽培蔬菜的過程中，各類蔬菜組成變化很大。栽培蔬菜種類一方面大有增加，另一方面也有不少曾作為蔬菜栽培的種類以後卻退出了菜圃。

如古代用作香辛調味料的栽培蔬菜種類除蔥蒜類和姜外，漢代栽培的還有紫蘇、蓼和蘘荷，南北朝時又增加了蘭香、馬芹等；但到了清代，除蔥蒜類和姜外，其餘各種在農書中已很少提及。

又如術、決明和牛膝，在唐代都曾作為蔬菜栽培，但不久就轉為藥用。

歷代都有栽培的蔬菜，不同的歷史時期，在栽培蔬菜中所占的比重也不盡相同。如葵和蔓菁是兩種很古老的蔬菜，早在《詩經》中已見著錄，漢代即頗受重視，南北朝時是主要的栽培菜種；到隋、唐以後卻逐漸退居到次要地位，到了清代，僅在個別省區有栽培。

另外，兩種古老蔬菜菘，即白菜和蘿蔔，雖在早期未受重視，南北朝時仍屬次要蔬菜；但隋、唐以後，地位逐漸提高，到清代終於取代葵和蔓菁，成為家喻戶曉的栽培蔬菜。

形成這種變化的原因是多方面的。首先，蔬菜的引種馴化和品種選育工作不斷取得新成就，是主要的原因。

一方面，中國原有的野生蔬菜資源陸續被馴化、栽培和利用。如食用菌類早在先秦時已被認識，一直是採集野生的供食用，到唐代有了人工培養。

白菜在南北朝時北方還很少栽培，以後經過不斷選育改良，出現了烏塌菜、菜薹、大白菜等許多不同的品種和類型，因而栽培日盛。

另一方面，張騫通西域後從國外引進大大豐富了栽培蔬菜種類。其中有些種類引進後經長期精心培育，又形成了中國獨特的類型。

如隋代時引進的萵苣，到元代已形成了莖用型萵苣；又如茄子在南北朝時栽培的只有圓茄，元代育成了長茄，後被日本引去。

其次，栽培技術不斷改進。如結球甘藍傳入中國後長期未得推廣，直到後來解決了栽培中經常出現的不結球問題，才發展成為僅次於白菜的重要蔬菜。

最後，社會需求的變化。如辣椒和番茄都在明代後期傳入中國，辣椒因是優良的香辛調味料，適合消費需要，因而推廣很快，清代中期已在許多地方作為蔬菜栽培；番茄卻長

期被視為觀賞植物，直至近代瞭解了它的營養價值後才作為蔬菜栽培。

蔬菜是人們生活中的主要副食品，自古就有「穀不熟為饑，蔬不熟為饉」的說法。為瞭解決蔬菜的季節供應問題，歷史上採取過以下一些行之有效的措施。

一、棚室栽培。早在漢代都城長安的宮廷中，已有「園種冬生蔥蒜菜菇，覆以屋廡」的設施，以解決冬季蔬菜供應。

至明、清兩代，溫室育種花木蔬果的就更為普遍，品種增多，不僅有草本，而且還有木本，如鐵梗海棠、栀子、山茶，還有嬌嫩的牡丹在冬天的溫室中璨然開放，為人間大增春色。

二、分期分批播種。葵在古代是大眾化的主要蔬菜，為瞭解決新鮮葵菜的常年供應，早在漢代就採取一年播種三次葵的做法。南北朝時期又發展為在不同的田塊上分批種葵。

到了唐代，分期分批播種又有了新措施。如城郊菜圃中一地多收農學春秋和種類多樣化的方法進一步發展。

三、合理選擇品種。為瞭解決蔬菜的夏季淡季問題，宋代已選種耐熱的茄子以緩和夏菜供需矛盾。元代育成了蘿蔔比較耐熱的品種。

明、清之際，更進一步致力於選育和引種適宜夏季栽培的蔬菜，從而逐步形成了以茄果瓜豆為主的夏菜結構。

四、改進貯藏方法。貯藏是解決冬季鮮菜供應的有效途徑。古代貯藏鮮菜的方法是窖藏，漢代文獻中已有有關記載。

南北朝時期，黃河中下游一帶採用的是類似今日「死窖」的埋藏法。此後不斷改進，明清時代已出現了所稱「活窖」的菜窖。

集約生產是中國古代蔬菜生產的優良傳統。南北朝時期就強調菜地要多耕。並且根據蔬菜一般生長期短，產品分批採收，而且柔嫩多汁的特點，逐漸形成了畦種水澆，基肥足，追肥勤的栽培管理原則。

畦種法出現於春秋戰國時期。北魏賈思勰的《齊民要術》已總結出畦種有便於澆水，可避免操作時人足踐踏菜地，提高菜的產量等優點。

實行間、套作，以提高複種指數，先也是在蔬菜生產中發展起來的。

西漢時已有在甜瓜地中間作薤與小豆藿的做法。到南北朝時，不僅在一種蔬菜中間作或套作另一種蔬菜，而且還在大田作物中套作蔬菜；到清代，已有蔬菜與糧食作物以及經濟作物的套作。

古代針對不同蔬菜的生物學特性而創造的栽培技術十分豐富。如南北朝時適應甜瓜在側蔓上結果的習性，採取高留前荏，使瓜蔓攀援在穀荏上，以多結瓜的特殊種瓜法。

到了清代，由於掌握了各種不同瓜類的結果習性，分別採用葫蘆摘心而瓠子不摘心，甜瓜打頂而黃瓜不打頂的整蔓方法。

蔬菜的採種在古代很早即受到重視。《齊民要術》在敘述每種蔬菜的栽培法時，都一一說明其留種方法。如甜瓜應

選留「瓜生數葉便結子」的「本母子瓜」，使種出的瓜果早熟；葵雖四季都可播種，但採種者必須在農曆五月播種等。

　　古代蔬菜除本土培育的品種外，還有很多從國外傳進來的品種。在每個朝代，從國外傳進來的蔬菜品種各不相同。這些蔬菜品種豐富了人們的餐桌，改變了人們的口味，對生活有深遠影響。

閱讀連結

　　在人們的餐桌上，有胡瓜、胡桃、胡豆、胡椒、胡蔥、胡蒜、胡蘿蔔等這些「胡姓」食物，除了「胡」系列果蔬；也有「番」系列的，比如番茄、蕃薯、番椒、番石榴、番木瓜；還有「洋」系列的，洋蔥、洋姜、洋芋、洋白菜等。

　　農史學家認為：「胡」系列大多為兩漢兩晉時期由西北陸路引入，比如張騫出使西域就帶回許多西域果蔬；「番」系列大多為南宋至元明時期由「番舶」帶入；「洋」系列則是大多由清代乃至近代引入世間美食珍饈。

精耕細作──耕作技術

中國古代歷來重視農業生產，曾創造了輝煌燦爛的中華文明，而精耕細作技術的進步，在其中造成了重要作用。耕作技術是指採取各種手段，投入大量的人力物力以取得大限度產出的耕作方式。

古代精耕細作技術，主要體現在土壤改良、肥料積製與施用、旱地與水田耕作、把握農時等方面。

表明了中國古代農業技術水平比較高，無論從生產工具、配套設施，還是從栽培技術，如輪作、多熟、間作套種等方面，都比西方的粗放式經營要先進許多。

▌最早的土壤改良技術

古代對土壤的改良，主要是建立在人們對土壤的充分認識上。

古代先民不僅認識到了植物對土地的依賴性，地力農學春秋與作物生長的關係，而且認識到了土壤是可以改良的。

古代土壤改良主要針對鹽鹼地和冷浸田進行改良，並且在實踐中因地制宜地創造了很多的方法，取得了很好的成效。

■古代農耕場景

傳說盤古開天闢地，用身軀造出日月星辰、山川草木。這時，有一位女神女媧，她放眼四望，總覺得有一種說不出的寂寞，當她看到自己的影子時，突然覺得心頭的死結解開了：原來是世界上缺少一種像自己一樣的生物。

想到這兒，女媧馬上用手在池邊挖了些泥土，加了點水，照著自己的影子捏了起來。

捏著捏著，就捏成了一個小小的東西，模樣與女媧自己差不多，也有五官七竅，雙手兩腳，但性別卻有些差別，有男有女。捏好後往地上一放，居然活了起來。

女媧一見，滿心歡喜，接著又捏了許多。她把這些小東西叫做「人」。她造出的這些「人」是仿照神的模樣造出來的，氣概舉動自然與別的生物不同，居然會嘰嘰喳喳講起和女媧一樣的話來。

他們在女媧身旁歡呼雀躍了一陣，慢慢走散了，去過他們自己的生活。

如果將女媧摶土造人看作人類對土壤的認知，應該也是完全可以的。因為女媧假如不知道土壤有這個特性，也就談不上新的創造，而這一點恰恰契合了人類初對土壤的認識和利用。

春秋以前，先人們已認識植物對土地的依賴性。《周易·離·象辭》中已有「百穀草木麗乎土」之說，不過當時對土的概念還非常模糊、籠統。

到春秋戰國時，開始有了土和壤的概念。《周禮》的「土宜之法」中，已有「二土」和「二壤」的說法，明確將土和壤作了區分。

東漢時鄭玄對土和壤的本質又作了說明，他在注《周禮》中說：萬物自生自長的地方叫土，人們進行耕作栽培的地方叫壤。其實就是自然土壤和耕作土壤。這就是說，土是自然形成的，而壤則是透過人力加工的，這便是土和壤的本質區別所在。

鄭玄（一二七年～兩百年），字康成，高密人，為漢尚書僕射鄭崇八世孫。東漢經學大師、大司農。以古文經學為主，兼采今文經說，遍注群經，著有《天文七政論》、《中侯》等書，共百萬餘言，世稱「鄭學」，為漢代經學的集大成者。後人紀念其人建有鄭公祠。

對於地力與作物生長的關係，漢代也開始有了認識。《史記·樂書》中說：「土敝則草木不長……氣衰則生物不育。」後來，王充在《論衡》中進一步指出了地力高低與作物生長和產量的關係，他說道：

地力盛者草木暢茂，一畝之收，當中田五畝之分。苗田，人知出穀多者地力盛。

反映了當時已經認識到地力對提高產量的作用。

古代人們認識到土壤是可以改良的，不同的土壤只要採用不同的改良措施，是可以改良成功的。主要精耕細作的改良土壤有鹽鹼地和冷浸田。

其中鹽鹼地改良包括種稻洗鹽、開溝排鹽、淤灌壓鹽、綠肥治鹼、種樹治鹼和深翻壓鹼。

種稻洗鹽，這是一種很古老的治理鹽鹼地的方法。戰國時，西門豹治鄴，就已運用這種方法，並取得了「終古斥鹵，生之稻粱」的成效。

明代萬曆時，保定巡撫汪應蛟，在葛沽、白塘鹽鹼地上開荒用的也是這種辦法。據記載，當時「墾田五千餘畝，其中十分之四是稻田，當年畝收四五石」，比原來「畝收不過一二斗」提高了幾十倍。

王充（二七年～約九七年），字仲任，會稽上虞人，他的祖先從魏郡元城遷徙到會稽。王充年少時就成了孤兒，鄉里人都稱讚他孝順。後來到京城，在中央最高學府太學裡學習，拜扶風人班彪為師。《論衡》是王充的代表作品，也是中國歷史上一部不朽的無神論著作。

　　清代康熙時，天津地方官曾引海河水圍墾稻田兩萬餘頃，畝收三四石。水田漠漠，景象動人，被人稱為「小江南」。

　　雍正時，清朝廷在寧河圍墾，使這一地區「斥鹵漸成膏腴」。咸豐時，科爾沁親王僧格林沁在大沽、海口一帶圍墾，墾得稻田兩百八十餘公頃，斥鹵變成沃壤。

　　種稻洗鹽一直為人們所重視，並且在改良鹽鹼土中取得過明顯的成效。

　　開溝排鹽這一方法出現於戰國，據《呂氏春秋·任地》中的記載，當時已將開溝排鹽作為當時發展農業生產的十大問題之一。

　　開溝排鹽措施比較簡單，因而這一方法一直為後世所沿用。清代《濟陽縣誌》記載：

　　鹼地四周犁深為溝，以泄積水，如不能四面盡犁，即就低之一隅挑挖成溝，或將鹼地多開溝彎為泄水之區，以衛承糧地畝，是以無用之拋荒，而為永遠之利益矣。

　　這便是其中之一例。

淤灌壓鹽這一方法也出現於戰國，當時的秦國在修建鄭國渠時，就使用了這種方法，「用注填閼之水，溉澤鹵之地。」結果關中變成了沃野，後被人們稱為「天下陸海之地」。

在歷史上規模大的淤灌壓鹽，是宋神宗熙寧時期，地域遍及河南、河北、山西、陝西一帶。宋朝政府還專門成立了淤田司來管理這項工作。並取得了巨大的成效，一方面改良了大片鹽鹼地，另一方面又提高了產量。

熙寧淤灌，還留下不少技術經驗：

一要掌握好淤灌季節，因為不同季節，水流含泥沙的成分和濃度不一樣，不是任何時候淤灌都能收到改土的效果。淤灌一般都要抓住水流中含淤量豐富的季節進行。

二要處理好淤灌同航行的矛盾，否則容易發生上游放淤，下游阻運的事故。

三要處理好淤灌同防洪的矛盾，淤灌一般都在汛期或漲水時期，這時流量大，水勢強，如不注意，就會造成決口，泛濫成災，危及生命財產的安全。可見放淤時，這個問題是一點也麻痺、疏忽不得的。

綠肥治鹼是利用綠肥來提高鹽鹼地的有機質以防泛鹼的一種方法。初見於《增訂教稼書》，書中記載，在無水種稻的地方，可「先種苜蓿，歲芟其苗食之，四年後犁去其根，改種五穀、蔬果無不發矣。苜蓿能暖地也。」明清時期，不少地方已使用這種方法治理鹽鹼地。

種樹治鹼這一辦法出現於清代，道光年間對種樹治鹼在樹種選擇、栽種技術、管理措施、排鹽方法等方面都已積累了不少經驗。

深翻壓鹼這是將地表的鹽鹼土翻壓在地下的一種方法。這種技術也出現於清代，流行於山東、河南、河北、江蘇一帶。其治鹼的效果是相當顯著的。

鹽鹼地它是鹽類集積的一個種類，是指土壤裡面所含的鹽分影響到作物的正常生長。中國鹼土和鹼化土壤的形成，大部分是與土壤中碳酸鹽的累積有關，因而鹼化度普遍較高，嚴重的鹽鹼土壤地區植物幾乎不能生存。古代先民對鹽鹼地的改良創造了很多方法。

至於冷浸田的改良，歷史上一直對冷浸田的改良很注重。其具體辦法是熏土增溫和深耕凍垡，此外還有透過烤田和施用石灰等。

冷浸田是指山丘谷地受冷水、冷泉浸漬或湖區灘地受地下水浸漬的一類水田。主要分佈在中國南方山區谷地、丘陵低窪地、平原湖沼低窪地，以及山塘、水庫堤壩的下部。古代改良冷浸田的方法是熏土增溫、深耕凍垡、烤田和施用石灰等。

熏土增溫這種方法出現於宋代。宋代李彥章《江南催耕課稻編》記載，在福州，其治理的方法是：

先於立春之十五日前，或十日前，將田中稻根殘藁，劃割務盡，田土曬乾，於是始犁，每畝之土翻作二百餘堆，乃

用火化之法，每堆以一束乾草重六七斤者，雜樹葉禾藁及土燒之。

清代的《順寧府志》記載，當地治冷浸田的辦法是「農人治秧先堆梨塊如窯塔狀，中空之，插薪舉火，土因以焦，引水沃之，爰加犁耙，土乃滑膩，氣乃蘇暢，方可布種，倘燒梨少不盡善而或失時，則秧未可問矣。」深耕凍垡是對冬閒田，在秋冬應深耕，促進土壤疏鬆熟化，春季解凍後耕耙保墒，開溝築畦。夏栽時選早熟作物的茬口搶栽。

烤田的辦法治理冷浸田，在明《菽園雜記》中也有記載：

新昌、嵊縣有冷田，不宜早禾，夏至前後始插秧，秧已成科，更不用水，任烈日暴，土坼裂不恤也。至七月盡八月初得雨，則土蘇爛而禾茂長，此時無雨，然後汲水灌之。若日暴未久，而得水太早，則稻科冷瘦，多不叢生。

施用石灰在清代《黔陽縣誌》有記載，黔陽當地「禾苗初耘時，撒灰於田，而後以足耘之，其苗之黃者，一夕而轉深青之色，不然則薄收。」

此外，清代的《長寧縣誌》、《永州府志》和《興寧縣誌》中，也有記載用石灰改良冷浸田的方法。

閱讀連結

北宋時，黃河和滹沱河曾經有過大範圍的放淤工程實踐。放淤始於嘉祐，至熙寧達到高潮，前後二十多年。

王安石是熙寧放淤的倡導者。王安石在未出任宰相之前對發展北方農業作了調查，然後開始進行大規模的放淤。

此次放淤以首都開封汴河沿岸為起點，擴展到豫北、冀南、冀中以及晉西南、陝東等廣大地區，持續時間大約十年，在治鹼改土方面取得了較好成績，從前「聚集游民，刮鹼煮鹽」的斥鹵地，放淤當年即獲豐收。

古代肥料積製與施用

培肥土壤提高地力，這一點在中國人們懂得施肥的初期已經認識到。施肥可以改土，可以提高地力，這是自戰國至清代兩千多年來的一貫認識。

古代先民不但積製了一百多種肥料，而且在施肥方法上有許多創建，並且出現了河泥積製、餅肥發酵、燒土糞和漚肥等新的方法。

此外，施肥技術的精細化，不僅增強了地力，而且使農作物的養料更充足，從而提高了糧食產量，推動了社會經濟的發展。

■古代耕種圖

農學春秋：農學歷史與農業科技

精耕細作——耕作技術

　　中國歷來都十分重視積肥和施肥，並認為這是變廢為寶，化無用為有用一個重要方法。

　　古代的肥料，主要來自家庭生活中的廢棄物，農產品中人畜不能利用的部分，以及江河、陰溝中的汙泥等，這些本都是無用之物，但積之為肥，即成了莊稼之寶。

　　古代的肥料的種類特別多。戰國時，已使用人糞尿、畜糞、雜草、草木灰等作肥料。

　　到秦漢時期，廄肥、蠶的排泄物、骨汁、豆萁、河泥等亦被利用為肥料，其中廄肥在這時特別發達。

　　魏晉南北朝時期，除了使用上述的肥料之外，又將舊牆土和栽培綠肥作為肥料。其中栽培綠肥作肥料，在肥料發展史上具有重要的意義，它為中國開闢了一個取之不盡、用之不竭的再生肥料來源。

　　明代是多熟種植飛速發展，複種指數空前提高的時期，對肥料的需要也大大增加，千方百計擴大肥源，增加肥料，成為這一時期發展農業生產的重要內容，肥料種類因此也不斷增加。

　　據統計，明清時期，農作物施用的肥料有糞肥、餅肥、渣肥、骨肥、土肥、灰肥、綠肥、無機肥料、稿稭肥和雜肥十一大類，總計約有一百三十餘種。

　　可見明清時期肥料種類的豐富。其中有機肥料占絕大多數，反映了中國古代以有機肥料為主，無機肥料為輔的肥料結構特點。

古代不但重視擴大肥源，同時也重視肥料的積製加工，以提高肥效。積製的肥料有雜肥、廄肥、餅肥、火糞，以及配製糞丹和重視對肥效的保存。

雜肥的漚製可以說是中國使用漚肥的濫觴。早在春秋戰國時期，中國已利用夏季高溫把田裡的雜草漚爛作肥料。

無機肥料為礦質肥料，也叫化學肥料，主要指無機鹽形式的肥料。所含的氮、磷、鉀等營養元素都以無機化合物的形式存在，大多數要經過化學工業生產。常見的有氮肥、磷肥，鉀肥、鈣肥和復合肥等。

宋代陳旉在《農書》仲介紹了一種漚製肥料的辦法，即將礱簸下來的穀殼以及腐稿敗葉，積在池中，再收聚洗碗肥水和淘米泔水等進行漚漬，日子一久便腐爛成肥。

明代《沈氏農書》仲介紹了另一種做漚肥的辦法，就是將紫雲英或蠶豆姆等用河泥拌刀進行堆積漚製，這種辦法叫「窖花草」和「窖蠶豆姆」，現在南方稱之為窖草塘泥。

熏土用雜草、落葉、稻稈等熏燒泥土。亦指熏燒過的泥土。泥土經熏燒後，有效態氮、磷、鉀等養分有所增加，但有機質和氮素的總量減少。山區和冷濕黏性土壤地區多用以作肥料。熏土能夠促進深翻後底土的快速熟化，是深翻土熟化和積肥相結合的一種好辦法。

廄肥堆製在《齊民要術》中記載有肥料堆製法，是一種將墊圈同積肥相結合的堆製法。當時稱為踏糞法，而這實是中國早的堆肥。

到清代，《教稼書》也提出了一種「造糞法」，詳細介紹了牛、羊、馬、騾、驢、豬糞的積製方法。原理和踏糞法相似，也是墊圈同積肥相結合的，但措施要比《齊民要術》記載的更加具體和細緻。

餅肥發酵法出現於宋代，據陳旉《農書》記載：將渣餅用杵臼春碎，與熏土拌和，堆起來任其發酵等其發霉長出「鼠毛」即一種小單孢菌樣的東西后，便攤開翻堆，內外調換。

這樣堆翻三四次以後，餅渣不再發熱，然後才可使用。這是一種農學春秋燒製火糞是宋元時代創造出來的一種積製肥方法。做法有兩種：

一是將「掃除之土，燒燃之灰，簸揚之糠秕，斷稿落葉積而焚之」，和現在燒製焦泥灰的辦法有點相似。

二是燒土糞，具體措施是「積土同草木推疊燒之，土熱冷定，用碌碡碾細用之」，這和今日的熏土已完全相同了。

糞丹是一種高濃度的混合肥料，出現於明代，《徐光啟手跡》中記錄有當時糞丹的配製方法。

主要原料有人糞、畜糞、禽糞、麻餅、豆餅、黑豆、動物屍體及內臟、毛血等，外加無機肥料，如黑礬、砒信和硫磺，混合後放在土坑中封存起來，或是放在缸裡密封后埋於地下，待腐熟以後，晾乾敲碎待用。

據《徐光啟手跡》記載，這種肥料「每一斗，可當大糞十石」，肥效極高。糞丹一般都作種肥用，它不但肥效高，而且還有防蟲作用。這是中國煉製濃縮混合肥料的開端。

中國古代所使用的肥料，大多都是有機肥，這種肥料需要腐熟之後才可使用。這樣既不會因有機肥發酵而燒壞莊稼，又可因有機物分解而提高肥效，所以歷史上都十分重視對肥料的積製和加工。

　　《知本提綱》清代楊山山所著的一部理學著作。其中《修業·農則》部分反映當時西北地區的農業生產情況，自成體系，可單獨視為一部農學專著。該書理論與實踐並重，文字生動明暢，操作技術也多切實可行。

　　清代《知本提綱》將古代肥料的積製方法總結成「釀造十法」，從這「釀造十法」之中，我們可以看到中國古代對肥料積製的重視，同時也可看到中國古代肥料和積製方法的繁多，如人糞、牲畜糞、草糞等的積製。

　　「釀造十法」既反映了中國古代千方百計開闢肥源，又千方百計提高肥效的情況。可以說，「釀造十法」是對中國古代的肥源及其積製方法的全面總結。

　　在戰國時代已開始使用肥料。早記載中國施肥技術的是西漢的《氾勝之書》，從書中的記載來看，當時的施肥技術已有基肥、追肥、種肥之分，只是當時未有這種專有名稱而已。

　　古代先民重視施用基肥和講究看苗施肥。基肥在古代稱為「墊底」，追肥稱為「接力」，在基肥和追肥的關係上，一直重視基肥。

　　古代施用的肥料，主要是農家雜肥，這種肥料分解的時間長，而且肥效慢，用作基肥，可以隨著它的逐步分解而徐

徐討力，發揮肥效穩而長的作用，而追肥一般要求速效，農家肥則很難發揮這個作用。

明清時期，特別重視基肥的施用和施肥上的「三宜」，即時宜、地宜和物宜，從而形成了中國一套傳統的施肥技術。

氣候比較寒冷的北方，有機肥分解更慢，這大概是中國古代特別重視施用基肥的原因。

最能代表中國古代施肥技術水平的是，明清時期出現的稻田看苗施肥技術。這一技術首先出現於太湖地區的杭嘉湖平原。

據明末清初的《沈氏農書》記載：施肥要根據作物生長的發育階段和營養狀況來決定，也就是我們所說的看苗施肥。書中除提出單季晚稻施追肥，所要注意的兩個原則外，並介紹了稻田施用追肥的具體方法。

合理施肥也是古代施肥技術中的一個基本措施。早在宋元時代，在施肥問題上中國已一再強調要「用糞得理」，也就是現代所說的合理施肥。

合理施肥是指肥料種類的選擇是否適合土壤的性質，以及肥料的施用量、施用時間、施用方法是否適當等。南宋陳旉在《農書》中指出施肥要因土而異，要看土施肥；元代王禎也強調合理施肥，強調施肥的量要適中，施用的肥料要腐熟。

古人總結的施肥時宜、土宜、物宜「三宜」原則和肥料積製的「釀造十法」一起，集中反映了清代在肥料積製和施用肥料的技術上已達到了相當高的水平。

閱讀連結

在宋元時期，一些無機肥料如石灰、石膏、硫磺等也開始在農業生產上應用。

據中國農業遺產研究室編《中國古代農業科學技術史簡編》的統計，宋元時期的肥料有糞肥六種、餅肥兩種、泥土肥五種、灰肥三種、泥肥三種、綠肥五種，稿稭肥三種、渣肥兩種、無機肥料五種、雜肥十二種，共計約四十五種。

其中餅肥和無機肥的使用，是這一時期的新發展。不僅促進了農作物的生長、增收，也在中國古代無機肥利用過程中具有深遠影響。

▌古代北方旱地耕作技術

中國北方指的是黃河中下游地區。古代北方旱地由於降雨較少，分佈不均，經常有乾旱威脅，這是旱地農業低產不穩產的重要原因之一。

抗旱耕作在發展北方旱地農業上佔有重要地位。

古代先民在長期的抗旱耕作中積累了豐富的經驗，並且創造了適合北方保墒防旱的耕作技術，如深耕、碎土、耙平及淺、深、淺的耕作法等。

■神農像

　　神農氏是中國古代神話人物，是民間公認的農業之神。傳說神農氏培育了「五穀」，並且教會了人們如何耕種，從而開啟了中國農業的先河。

　　一天，一隻周身通紅的鳥兒，銜著一棵五彩九穗穀，飛在天空，掠過神農氏的頭頂時，九穗穀掉在地上。神農氏見了，拾起來埋在了土壤裡，後來竟長成一片。

　　神農氏把穀穗在手裡揉搓後放在嘴裡，感到很好吃。於是他教人砍倒樹木，割掉野草，用斧頭、鋤頭、耒耜等生產工具，開墾土地，種起了穀子。

　　神農氏從這裡得到啟發：穀子可年年種植，源源不斷，若能有更多的草木之實選為人用，多多種植，大家的吃飯問題不就解決了嗎？

　　那時，五穀和雜草長在一起，草藥和百花開在一起，哪些可以吃，哪些不可以吃，誰也分不清。神農氏就一樣一樣

地嘗，一樣一樣地試種，後從中篩選出的稻、黍、稷、麥、菽五穀，所以後人尊他為「五穀爺」、「農皇爺」。

神農氏生於北方的姜水，姜水位於現在的陝西省寶雞境內。他教民耕作的方法，是適應北方農業自然條件的方法。

北方地區年降雨量偏少，而且分佈不均，主要特點是春季多風旱，雨量主要集中於夏秋之交。春季是播種長苗的重要季節，雨水的需要量特多。這樣，防旱便成了北方地區進行農業生產的重要問題。

這個問題在戰國時，已為人們認識到並在土壤耕作中採取了相應的措施。當時使用的「深耕疾耰」、「深耕耰粳」耕作技術便是中國初的防旱措施。

耱田是一種稻地蒔秧前的一道工序，也就是指水中平整土地。古代耱田可分為人工耱田和牛力耱田兩種。人工耱田只適用於做秧田和零星的小塊稻田。人工耱田工具有兩種，最常用的一種叫木質耢耙，還有一種叫竹質耢耙。有了這兩種工具中的一種就可耱田了。

耰有兩方面的意義，作為農具講，它是一種碎土的木榔頭；作為耕作技術講，它是耕後的一種耱田碎土作業。「疾耰」是耕後很快將土打碎，並且將土塊打得細細的，其目的就是保墒防旱。

耱田碎土的耕作法，到漢代便發展為耕耱結合的耕作法。耱就是用無齒耙將土塊耙碎，地面耙平。說明耕後耱地收墒的技術，在西漢時已經產生。

精耕細作——耕作技術

到了魏晉時期，又形成了耕、耙、耱抗旱保墒的耕作技術。在嘉峪關的魏晉墓壁畫中，已有耕、耙、耱的整個操作圖像。

到北魏時期，賈思勰在《齊民要術》中又在理論上對它作了系統的說明。至此，中國北方旱地耕作技術體系便完全定型了。

這一體系的特點之一是，耕地的適期應以土壤的墒情為準。《齊民要術》說道，土壤中所含的水分適中。在水旱不調的情況下，要堅持「寧燥勿濕」的原則，否則即形成僵塊，破壞耕作，造成跑墒，好幾年都會受影響。

特點之二是，耕地深度應以不同時期而定。《齊民要術》記載：「初耕欲深，轉地欲淺」，因為「耕不深，地不熟，轉不澆，動生土也」。

這是因為黃河流域秋季作物已經收穫，深耕有利於接納雨水和冬雪，也有利於凍融風化土壤，而春夏之季，正值黃河流域的旱季，氣溫漸高，水分蒸發量也大，深耕動土，就會跑墒，影響播種。

特點之三是，強調耕後耙耱在抗旱保墒中的作用。《齊民要術》指出，耕後不勞，還不如不耕，讓它白地曬著好。

可見到北魏時期，北方旱地耕作的技術體系，即透過耕、耙、耱以達到抗旱保墒的整套土壤耕作技術，已經完全形成。北魏以後，北方的耕作技術仍有發展，主要提倡多耙和細耙。

楊屾（一六八七年～一七八五年），字雙山。清朝鼎盛時期的農學家，一生重視農業和農業技術教育，長期從事農

業職業技術教育，辦學規範，成績卓然，是中國古代傑出的農業教育家。生平著作有《知本提綱》、《論蠶桑要法》各十卷，《經國五政綱目》八卷，《豳風廣義》四卷，《修齊直指》一卷。現存只有《知本提綱》、《豳風廣義》和《修齊直指》。

對於多耙和細耙，在金元時期的農書《韓氏直說》一書中，認識到多耙細耙具有保墒耐旱的作用，能夠保證種子安全出苗，苗後能良好生長的作用，同時還有減少蟲害和病害的作用。這是北方旱地土壤耕作技術進一步發展的標誌之一。

淺、深、淺耕作法形成於清代。清代楊屾的《知本提綱》記載：「初耕宜淺，破皮掩草，次耕漸深，見泥除根翻出濕土，犁淨根茬」，「轉耕勿動生土，頻杪毋留纖草」。

清代學者鄭世鐸對此註解說：

轉耕，返耕也。或地耕三次：初次淺，次耕深，三耕返而同於初耕；或地耕五次，初次淺，次耕漸深，三耕更深，四耕返而同於二耕，五耕返而同於初耕。故日轉耕。

這種耕作方式，在北魏時的《齊民要術》中已有記載，不過那時只是作為牛力不足，難以作為秋耕時的補救措施。到清代則正式列為耕作體系的基本環節之一。淺、深、淺耕作法在北方抗旱保墒中具有明顯的防止雨水流失、蓄水保墒的作用。

閱讀連結

　　明清時期，隨著間套複種的大發展，北方旱地特別是以麥豆秋雜糧為主，輪作複種方式的兩年三熟地區，通行以耕耙糖和留茬播結合為主要形式的合理輪耕制。

　　清代複種技術也因人多地少而獲顯著發展。在黃河流域，自乾隆時期以後，山東、河北及陝西的關中地區，普遍實行三年四熟或二年三熟制。東北等處則是一年一熟。北方傳統的種植制度在清末基本定型。

▋古代南方水田耕作技術

　　中國南方是指秦嶺、淮河以南的廣大地區，這一地區主要以種植水稻為主。

　　古代南方的水稻種植，主要以育秧移栽的方式進行，土壤耕作要求大田平整、田土糊爛，以便插秧。這和北方旱地耕作有明顯不同。

　　南方水田的耕作技術，逐步形成了水旱輪作，水耕與旱耕結合的技術體系，水田耕作形成耕耙耖三位於一體；旱作採用「開淪作溝」，整地排水的技術，提高了壟作與平作的耕作技術。

■水田圖形

　　秦漢時期，中國南方還是一個地廣人稀的地區，生產落後，多採用火耕水耨的粗放耕作技術。

　　火耕水耨，簡單來說就是燒去雜草，灌水種稻。這在很多史籍中都有記載。

　　《平准書》引漢武帝處置山東災民詔令道：「江南火耕水耨，令饑民得流就食江淮間。」

　　過了七、八百年，《隋書·地理志》記載江南水田耕作方式時，仍然說是「江南之俗，火耕水耨，食魚與稻，與漁獵為業」。

　　從上述記載來看，從漢至隋，言及江南耕作方式的《鹽鐵論·通有篇》、《漢書·武帝紀》、《漢書·地理志》以及諸多的六朝詩文中，都用「火耕水耨」來概括這一時期的南方水田耕作。

　　至唐初依然有人稱江南「吳風澆竟，火耕水耨」。這種耕作方式，八百年甚至更長的時期內一以貫之，未有任何變動。

古代先民燒荒，這是很普遍的，故無論種粟植稻，都要先燒草作為肥料。水稻又得「水耨」，除去雜草，漚於水中，既作肥料，又保證水稻生長。

江漢平原，古代農業歷來先進，屈家嶺、石家河文化遺址中，均有稻穀出土，可見楚人占據江漢平原後，以水稻為主的農業生產，進一步得到發展，耕作水平也逐步提高。

火耕燒田的作用，一般認為是除草和施肥。但是雜草大都以種子和根莖繁殖，種子秋季成熟後已落入土中，根莖也深埋於地下，燒田只能燒掉妨礙耕翻播種的枯草，並不能真正造成除草的作用。

燒田取肥是早期農業中增加耕地肥力的重要途徑之一。六朝時期，南方地區已經較普遍地使用糞肥、廄肥，並能輪種苕草作綠肥，稻田施肥不再完全依賴燒取草木灰，但這並不排除施肥的可能性。

南方水田耕作技術的成熟階段形成於唐代。唐代在「安史之亂」後，北方人口大量南移，並將北方的先進工具傳到南方，這樣便促進了南方耕作技術的發展，形成了耕、耙、秒相結合的水田作業。耙由於在破碎土塊，打混泥漿，平整田面方面的作用還不夠理想，所以到宋代又加以改進，創造出秒。

秒為木製，圓柱脊，平排九個直列尖齒，兩端一至二齒間，插木條係畜力挽用牛軛，二齒和三齒之間安橫柄扶手，是用畜力挽行疏通田泥的農具。

耖更主要的作用在於把泥漿蕩起混刀，再使其沉積成平軟的泥　層，以利於插秧的進行。用這種農具操作，在南宋時已成為水田耕作重要的一環，從此便形成了南方水田耕耙耖相結合的耕作技術體系。

　　牛軛古代農具的一種。耕地時套在牛頸上的曲木，是牛犁地時的重要農具，與犁鏵配套使用。牛軛狀如「人」字形，約半米長，兩棱。簡陋的牛軛一般用「人」字形的樹杈做成，也有找木匠製作，需要挖榫眼鑿洞眼，契合比較牢固

　　宋元時期，南方稻田存在著兩種不同的情況，一種是冬閒田，一種是冬作田。這兩種田的耕作是不一樣的。

　　冬閒田的耕作，大致有三種方法，即乾耕曬垡、乾耕凍垡和凍垡與曬垡相結合。對於乾耕曬垡，陳旉《農書》記載：

　　山川原濕多寒，經冬深耕，放水乾涸，霜雪凍冱，土壤蘇碎。當始春，又遍佈朽薙腐草敗葉，以燒治之，則土暖而苗易發作，寒泉雖冽，不能害也。

　　這種方法主要用於土性陰冷的地區或山區，藉以利用曬垡和熏土來提高土溫。

　　對於乾耕凍垡，陳旉《農書》說，透過深耕泡水，漚爛殘根敗葉，可以消滅雜草和培肥田土。這種方法主要用於平川地區。

　　至於凍垡和曬垡相結合，王禎《農書》說道：

下田熟晚，十月收割既畢，即乘天晴無水而耕之，節其水之淺深，常令塊撥半出水面，日暴雪凍，土乃酥碎，仲春土膏脈起，即再耕治。

這是透過既曬又凍，上曬下凍的辦法來促進土壤的進一步熟化。

據元代王禎《農書》記載，開溝作瞮的方法是：田塊四周修有田埂，田埂中間形成排水溝，利於排除田中積水和降低土壤含水量，從而利於小麥旱作。接著種水稻時，再平整田埂，蓄水深耕。

宋元時代創造的稻田耕作技術，至今在南方的土地耕作中，仍廣泛使用，並成為當地奪取農業豐收的一個技術關鍵。

閱讀連結

江南地區在歷史上，實際上一直存在著兩個土壤耕作系統，除了以犁、耙、耖為工具的畜力牽引耕作系統外，還有以鐵搭為工具的人力耕作系統。

人們以鐵搭代替耕牛耕地，以至於《沈氏農書》與《補農書》等史籍中很少有提到養牛的情況。只是到了近代這種趨勢更趨嚴重。之所以如此，原因就在於人口壓力所導致的土地零細化。

先民們對農時的把握

　　黃河流域是中華文明的起源地之一，它地處北溫帶，四季分明，作物多為一年生，樹木多為落葉樹，並且農作物的萌芽、生長、開花、結實，與氣候的年週期節奏是一致的。

　　在人們尚無法改變自然界大氣候條件的古代，農事活動的程式不能不取決於氣候變化的時序性。春耕、夏耘、秋收、冬藏早就成為人們的常識。古人也就依靠著這些常識，適時進行播種、管理和收穫。

■孟子雕像

　　戰國時期，著名思想家孟子去見梁惠王。

　　梁惠王問孟子自己如何盡力治國，百姓遭災時是如何盡力救濟，為什麼人口沒有增加。

孟子認為，只是考慮如何去救災，沒有考慮到如何不違農時去發展農業生產，應該儘快抓緊時間促進生產，讓人們過上溫飽生活。

這就是「不違農時」這一成語的來歷。

中國古代農時意識與自然條件的特殊性有關，也和精耕細作傳統的形成有關。由於黃河流域的春旱多風，必須在春天解凍後短暫的適耕期內抓緊翻耕並搶栽播種。

《管子》書中屢有「春事二十五日」之說，春播期掌握成為農時的關鍵一環。

一般作物成熟的秋季往往是多雨易澇，收穫不能不抓緊；再加上冬麥收穫的夏季正值高溫逼熟，時有大雨，更是「龍口奪食」。故古人有「收穫如盜寇之至」之說。

黃河流域動物的生長和活動規律也深受季節變化制約。如上古畜禽馴化未久，仍保留某些野生時代形成的習性，一般在春天發情交配，古人深明於此，強調畜禽孳乳「不失其時」。

梁惠王（西元前四百年～前三一九年），姬姓，名罃，在《戰國策》中作「嬰」。魏武侯之子，稱魏惠王。魏國第三代國君。在孟子見魏惠王前後，魏惠王曾用惠施為相，進行改革，制定新法。但他剛愎自用，志大才疏，終至人才的流失，魏國國勢日下。

大牲畜實行放牧和圈養相結合，一般是春分後出牧，秋分後歸養，形成了制度，也是與自然界牧草的榮枯相適應。

隨著精耕細作技術的發展和多種經營的開展，農時不斷獲得新的意義。如牛耕推廣和旱地「耕、耙、耢」及防旱保墒耕作技術形成後，耕作可以和播種拉開，播種期也有更大的選擇餘地，而播種和耕作佳時機的掌握也更為細緻了，土壤和作物等多種因素均需考慮。

　　如《氾勝之書》提出「種禾無期，因地為時」。北魏《齊民要術》則擬定了各種作物播種的「上時」、「中時」和「下時」。施肥要講「時宜」，排灌也要講「時宜」。

　　如何充分利用可供作物生長的季節和農忙以外的「閒暇」時間，按照自然界的時序巧妙地安排各種生產活動，成為一種很高的技巧。

　　中國古代人民主要是透過物候、星象、節氣掌握農時，不過這有一個發展過程。

　　對氣候的季節變化，初人們不是根據對天象的觀測，而是根據自然界生物和非生物對氣候變化的反應，如草木的榮枯、鳥獸的出沒、冰霜的凝消等所透露的訊息去掌握它，作為從事農事活動的依據，這就是物候指時。

　　在中國一些保持或多或少原始農業成分的少數民族中，保留了以物候為農時主要指示器的習慣，有的甚至形成了物候計時體系《物候曆》。中原地區遠古時代也經歷過這樣一個階段。

　　相傳黃帝時代的少昊氏「以鳥名官」：玄鳥氏司春分、秋分；趙伯氏司夏至、冬至；青鳥氏司立春、立夏；丹鳥氏司立秋、立冬。

玄鳥是燕子，大抵春分來秋分去；趙伯是伯勞，大抵夏至來冬至去；青鳥是鴿鵝，大抵立春鳴，立夏止；丹鳥是雞雉，大抵立秋來立冬去。

少昊氏以它們分別命名掌管春、夏、秋、冬的官員，說明遠古時，確有以候鳥的來去鳴止作為季節標誌的經驗。

物候指時雖能比較準確反映氣候的實際變化，但往往年無定時，月無定日，同一物候現象在不同地區不同年份出現早晚不一，作為較大範圍的計時體系，顯得過於粗疏和不穩定。於是，人們又轉而求助於天象的觀測。

據《史記·五帝本紀》記載。黃帝時代已開始「曆法日月星辰」。當時測天活動是很普遍的，其流風餘韻延至夏商週三代，後人有「三代以上，人人皆知天文」的說法。

人們在長期觀測中發現，某些恆星在天空中出現的不同方位，與氣候的季節變化規律吻合。如先秦道家及兵家著作《鶡冠子》中說道北星座：

斗柄東向，天下皆春；

斗柄南向、天下皆夏；

斗柄西向，天下皆秋，

斗柄北向，天下皆冬。

這儼然是一個天然的大時鐘。

有人研究發現，中國遠古時代曾實行過一種「火曆」，就是以「大火」即心宿二「昏見」為歲首，並視「大火」在

太空中的不同位置確定季節與農時。但以恆星計時適於較長時段，如年度、季度。

由於有時觀測天象也會遇到一定困難，較短時段計時的標誌則不如月相變化明顯，於是逐漸形成朔望月和回歸年相結合的陰陽合曆。

朔望月是以月亮圓缺的週期為一月，所謂回歸年是以地球繞太陽公轉一次為一年。但回歸年與朔望月和日之間均不成整數的倍數，十二個朔望月比一個回歸年少十一天左右，故需有大小月和置閏來協調。

朔望月雖然便於計時，卻難以反映氣候的變化。於是人們又嘗試把一個太陽年劃分為若干較小的時段，一則是為了更細緻具體地反映氣候的變化，二則也是為了置閏的需要。探索的結果後確定為二十四節氣。

二十四節氣是以土圭實測日晷為依據逐步形成的，不晚於春秋時。已出現的春、夏、秋、冬是它的 8 個基點，每兩點間再均刀地劃分 3 段，分別以相應的氣象和物候現象命名。

二十四節氣的系統記載始見於《周髀算經》和《淮南子》。它準確地反映了地球公轉所形成的日地關係，與黃河流域一年中冷暖乾濕的氣候變化十分切合，比以月亮圓缺為依據制定的月份更便於對農事季節的掌握。它是中國農學指時方式的重大創造，至今對農業生產起著指導作用。

月相天文學術語。在地球上所看到的月球被日光照亮部分的不同形象。是天文學中對於地球上看到的月球被太陽照明部分的稱呼。隨著月亮每天在星空中自西向東移動一大段

距離，它的形狀也在不斷地變化著，這就是月亮位相變化，叫做月相。

中國農學對農時的把握，不是單純依賴一種手段，而是綜合運用多種手段，形成一個指時的系統。如《尚書·堯典》以鳥、火、虛、昂四星在黃昏時的出現作為春夏秋冬四季的標誌，同時也記錄了四季鳥獸的動態變化。

再如《夏小正》和成書較晚但保留了不少古老內容的《禮記·月令》，都列出了每月的日月星辰運行的度次、氣象和物候情況，作為安排農事和其他活動的依據，後者實際上還包含了二十四節氣的大部分內容。這成為後來月令類農書的一種傳統。

土圭中國最古老的計時儀器，是一種構造簡單，直立於地上的桿子用以觀察太陽光投射的桿影，透過桿影移動規律、影的長短，以定冬至、夏至日。始於周代，到殷商時代測時已達到相當高的精度，其干支記日法一直沿用至今天。

二十四節氣的形成並沒有排斥其他指時手段。在它形成的同時，人們又在上古物候知識積累的基礎上，整理出與之配合使用的七十二候。豐富了中國傳統農學的指時手段。

二十四節氣作為中國傳統農學的主要指時手段，是和其他手段協同完成其任務的。

元代農學家王禎在其《農書》中記載：

二十八宿周天之變，十二辰日月之會，二十四氣之推移，七十二候之變遷，如循之環，如輪之轉，農桑之節，以此占之。

王禎還為此製作了「授時指掌活法圖」，把星躔、節氣、物候歸納於一圖，並把月份按二十四節氣固定下來，以此安排每月農事。

　　他又指出該圖要結合各地具體情況靈活運用，不能拘泥成規，不知變通。這是對中國農學指時體系的一個總結。

　　人們無法改變自然界的大氣候，但卻可以利用自然界特殊的地形小氣候，並進而按照人類的需要造成某種人工小氣候。這是古代的一大創造。

　　溫室栽培早出現在漢代宮廷中。比如漢元帝時的召信臣做溫室種育出蔥、韭、菜等作物。這是世界上見於記載早的溫室。

　　類似的還有漢哀帝時的「四時之房」，用來培育非黃河流域所產的「靈瑞嘉禽，豐卉殊木」。漢代溫室栽培蔬菜可能已傳到民間，有些富人也能吃到「冬葵溫韭」了。

　　唐朝以前，蘇州太湖、洞庭東西山人民利用當地湖泊小氣候種植柑橘，成為中國東部沿海北的柑橘產區。

　　唐代官府利用附近的溫泉水培育早熟瓜果。唐代溫室種菜規模不小，有時「司農」要供應冬菜。北宋都城汴梁的街市上，農曆十二月份還到處擺賣韭黃、生菜、蘭芽等。

　　王禎《農書》記載的風障育早韭、溫室囤韭黃和冷床育菜苗等，也屬於利用人工小氣候的範圍。

　　這種技術推廣到花卉栽培，有所謂「堂花術」。凡是早放的花稱堂花。南宋臨安郊區馬塍盛產各種花卉。

方法是紙糊密室，鑿地為坎，坎上編竹，置花竹上，用牛溲硫礦培溉；然後置沸水於坎中，當水氣往上燻蒸時微微搧風，經一夜便可開花。難怪當時人稱讚這種方法是「侔造化、通仙靈」了。

此外，對於反常氣候造成的自然災害，如水、旱、霜、雹、風等，人們也是想出了各種避害的辦法。其中之一就是暫時地、局部地改變農田小氣候。

例如，果樹在盛花期怕霜凍，人們在實踐中懂得晚霜一般出現在濕度大、溫度低之夜，將預先準備好的「惡草生糞」點著，讓它暗燃生煙，以其煙氣可使果樹免遭霜凍。

這種辦法在《齊民要術》中已有記載。清代平涼一帶還施放槍炮以驅散冰雹，保護田苗。

閱讀連結

二十四節氣起源於黃河流域。遠在春秋時期，就定出仲春、仲夏、仲秋和仲冬等四個節氣。以後不斷地改進與完善，到秦漢時期，二十四節氣已完全確立。

西元前一○四年，漢武帝責成鄧平、落下閎等人編寫了《太初曆》，正式把二十四節氣定於曆法，明確了二十四節氣的天文位置。

節氣是華夏祖先歷經千百年的實踐創造出來的寶貴科學遺產，是反映天氣氣候和物候變化、掌握農事季節的工具。人們編出了二十四節氣歌訣，方便了記憶，也便於指導農時。

農家幫手──農具發明

在中國幾千年的文明史上，農業在整個生產中都佔有重要地位。隨著社會經濟的發展，為了增加產量，提高勞動生產率，發明創造了多種多樣的農業生產工具，不但數量多，而且在時間上也比較早。

中國農業歷史悠久，地域廣闊，民族眾多，農具豐富多彩。就各個地域、不同的環境、相應不同的農業生產而言，使用的農具又有各自的適用範圍與侷限性。

在這樣的情況下，歷朝歷代農具都有所創新、改造，為人類文明進步做出了貢獻。

▌古代農具發展與演變

　　農具是農民在從事農業生產過程中用來改變勞動對象的器具。中國古代農具具有就地取材，輕巧靈便，一具多用，適用性廣等特點。

　　就農具的材料來看，古代農具的發展，大致有石器階段的石斧、石鏟、石鐮、石磨盤，銅器階段的錛、鏟、钁、鐮和銍，以及鐵器階段的耜和銚等。

　　鐵農具的使用是農業生產上的一個重要轉折點，鐵質農具堅硬耐用，大大提高了生產效率，使大面積農田得以開墾，促進了農業的發展。

■石器時代的工具

　　傳說，炎帝和大家一起圍獵野豬，來到一片林地。林地裡，兇猛的野豬正在拱土，長長的嘴巴伸進泥土，一撅一撅地把土供起。一路拱過，留下一片被翻過的鬆土。

　　野豬拱土的情形，給炎帝留下很深的印象。能不能做一件工具，依照這個方法翻鬆土地呢？

經過反覆思索，炎帝在刺穴用的尖木棒下部橫著綁上一段短木，先將尖木棒插在地上。再用腳踩在橫木上加力，讓木尖插入泥土，然後將木柄往身邊扳，尖木隨之將土塊撬起。這樣連續操作，便翻耕出一片松地。

這一改進，不僅深翻了土地，改善了地力，而且將種植由穴播變為條播，使穀物的產量大大增加。這種加上橫木的工具，史籍上稱之為「耒」。

在翻土過程中，炎帝發現彎曲的耒柄比直直的耒柄用起來更省力，於是他將「耒」的木柄用火烤成省力的彎度，成為曲柄，使勞動強度大大減輕。為了多翻土地，後來又將木「耒」的一個尖頭改為兩個，成為「雙齒耒」。

經過不斷改進，在鬆軟土地上翻地的木耒，尖頭又被做成扁形，成為板狀刃，叫「木耜」。「木耜」的刃口在前，破土的阻力大為減小，還可以連續推進。

木製板刃不耐磨，容易損壞。人們又逐步將木耜改成石質、骨質或陶質。

當時人們改造自然的能力很低，只能就地取材來製作工具。遍地皆是隨手可得而且又相當堅硬的石塊，便成了當時理想的工具材料。

當時加工石器農具的方法是用打擊法，即用石塊碰擊石塊，使其出現一定的形狀。加工成的工具，大致可分為砍砸器、刮削器、尖狀器三類，在北京周口店發現的距今近七十萬年的北京猿人所使用的就是這種石器。

農學春秋：農學歷史與農業科技

農家幫手——農具發明

北京猿人北京猿人遺址，發現地位於北京市西南房山區周口店龍骨山。 北京猿人大約在七十萬年前來到周口店，在這裡生活了近五十萬年。到約二十萬年前，北京猿人才離此而去。 北京猿人的顴骨較高。腦量平均僅一〇七五毫升。身材粗短，男性高約一百五十六至一百五十七公分，女性約一百四十四公分。腿短臂長，頭部前傾。

這種石器都出現於農業發明以前，人們將它稱之為舊石器。這些工具製作都相當粗糙，但這是我們祖先製作工具改造自然的開端，在推動歷史的前進中有其重要的地位。

大約到了距今約一萬年時，先民們學會了磨製和鑽孔技術，並將這些技術用於石器加工上，從而出現了一批外表光滑，有一定形狀的工具。這種工具人們稱之為新石器，以區別於以前的舊石器。

河南省新鄭裴李崗遺址中，出土的距今約八千年的石斧、石鏟、石鐮、石磨盤等農業工具，都磨製得相當光滑，而且有明顯的專用性。

骨耜是用偶蹄類動物的肩胛骨製成的。其上端柄部厚而窄，下端刃部薄而寬。柄部鑿一橫孔，刃部鑿兩豎孔。橫孔插入一根橫木，用籐條捆綁固定。兩豎孔中間安上木柄，再用籐條捆綁固定。這樣，一件骨耜就製造出來了。骨耜的使用，充分地顯示了河姆渡人的聰明智慧。

在新石器時期，人們除了磨製石器以外，還使用木器、骨器、蚌器和陶器。在浙江省餘姚河姆渡新石器遺址中出土的骨耜，就是一種典型的骨製挖土工具。只是當時使用的工

具一般以石器為主，所以人們習慣將這一時期稱之為新石器時期。

銅農具主要使用於商周時代。銅在新石器時期的晚期已經在中國出現，但人們有意識地將紅銅和錫按一定比例冶煉成青銅則是在夏代。將青銅製成農具使用，則是在商、周時期。

在商周時代的遺址中發現的青銅農具已有鍤、鏟、钁、鐮和銍等多種，在鄭州和安陽的商代遺址中還發現有钁範。

《詩經周頌臣工》中還有「庤乃錢，鎛奄觀銍艾」的詩句。詩中的錢、鎛是中耕農具，銍是收割農具，字都從金，表示這些農具都是用青銅製造的，這是中國有關金屬農具早的文字記載。

青銅農具的出現，是中國農具材料上的一次重大的突破，從此金屬農具開始了代替木石農具。

管仲（西元前七二五年～前六四五年），姬姓，管氏，名夷吾，字仲，謚敬，被稱為管子、管夷吾、管敬仲。東周春秋時代齊國的政治家、哲學家、經友人鮑叔牙力薦，為齊國上卿即丞相，有「春秋第一相」之譽，輔佐齊桓公成為春秋時期第一霸主，所以又說「管夷吾舉於士」。

青銅農具比石、木、骨、蚌農具鋒利輕巧，硬度也高，在提高勞動效率，推進農業生產的發展方面，具有重要的作用。因此，青銅農具的出現和使用，是商周時期農具明顯進步的重要標誌。

農學春秋：農學歷史與農業科技

農家幫手——農具發明

商周時期，青銅被人們視為珍品，奴隸主主要用來做食器、兵器和禮器，而不願用它來製造消耗量很大的農具。此外，由於銅的來源有限，以及青銅製作比較困難等，也決定了青銅不能完全代替石器而一統天下。

鐵農具的運用是封建社會的主要特點，早出現在春秋戰國時代，也就是中國由奴隸社會向封建社會轉變的時期。

《國語·齊語》中記載，管仲曾對齊桓公說：「美金以鑄劍戟，試諸狗馬，惡金以鑄鋤、夷、斤、劚，試諸壤土。」文中的「美金」是指青銅，當時用以製武器；惡金是指鐵，用以製斤、斧等農具，說明至少在春秋中期，齊國已使用鐵農具。

到戰國時鐵農具的使用已相當普遍。《管子海王》說：「耕者必有一耒、一耜、一銚，若其事立。」反映了鐵農具已為農戶所必備。

據考古發掘，在今河北、河南、陝西、山西、內蒙古、遼寧、山東、四川、雲南、湖北、湖南、安徽、江蘇、浙江、廣東、廣西、天津等省市，都有戰國時期的鐵農具出土，這就說明了鐵農具至戰國時期已日趨普及。到漢代時，鐵農具已成為中國主要的農業生產工具並大加推廣。

鐵器的使用，使大規模地擴大耕地面積，開發山林，興建水利工程成為可能，從而促進了耕作技術的提高和農業生產的發展。

從這以後，兩千多年來，鐵農具便一直成為中國主要的農具。

閱讀連結

中國古代農用動力的種類除了人力這種早使用的自然動力外，還用到牛、馬、風力等自然力。

春秋戰國時期，畜力開始被用到農業生產上的是牛。當時將宗廟中作犧牲用的牛用以田間耕作了。

馬作為農耕畜力主要始於漢代，在《鹽鐵論》有記載：「農夫以馬耕載」，馬「行則就扼，止則就犁」，這就是使用馬耕的證明。

風力在農業上的運用始見於元代，當時有灌溉用的風車和加工糧食的風磨，以後風車有了發展，成了農業灌溉中的主要動力。

▌漢唐以來創製的耕犁

漢唐時期都曾出現一些太平盛世景象，為經濟的發展提供了良好的社會環境。漢唐兩朝都十分重視生產工具的改革，出現了很多具有劃時代意義的農具。

漢代犁具得到發展，趙過發明了三腳耬車和耦犁；唐代製成曲轅犁。唐代曲轅犁影響了宋元以後耕犁的形式。

■漢代鐵犁頭

　　趙過是漢武帝時的農學家。他總結經驗並吸收前代播種工具的長處，發明了三腳耬車，大大提高了播種效率。漢武帝曾經下令在全國範圍裡推廣這種先進的播種機。

　　漢代三腳耬，它的構造是這樣的：下面三個小的鐵鏵是開溝用的，叫做耬腳，後部中間是空的，兩腳之間的距離是一壟。

　　三根木製的中空的耬腿，下端嵌入耬鏵的銎裡，上端和籽粒槽相通。籽粒槽下部前面由一個長方形的開口和前面的耬斗相通。

　　耬斗的後部下方有一個開口，活裝著一塊閘板，用一個楔子管緊。為了防止種子在開口處阻塞，在耬柄的一個支柱上懸掛一根竹籤，竹籤前端伸入耬斗下部繫牢，中間縛上一塊鐵塊。耬兩邊有兩轅，相距可容一牛。後面有耬柄。

播種前，要根據種子的種類、籽粒的大小、土壤的乾濕等情況，調節好耬斗開口的閘板，使種子在一定的時間流出的多少剛好合適。然後把要播種的種子放入耬斗裡，用牛拉著，一人牽牛，一人扶耬。

　　扶耬人控制耬柄的高低，來調節耬腳入土的深淺，同時也就調整了播種的深淺，一邊走一邊搖，種子自動地從耬斗中流出，分三股經耬腿再經耬鏵的下方播入土壤。

　　在耬後邊的木框上，用兩股繩子懸掛一根方形木棒，橫放在播種的壟上，隨著耬前進，自動把土耙平，把種子覆蓋在土下，這樣一次就把開溝、下種、覆蓋的任務完成了。再另外用砘子壓實，使種子和土緊密地附在一起，發芽生長。

　　後來新式的播種機的全部功能也不過把開溝、下種、覆蓋、壓實四道工序接連完成，而中國兩千多年前的三腳耬，早已把前三道工序連在一起，由同一機械來完成。在當時能夠創造出這樣先進的播種機，確實是一項很重大的成就。這是中國古代在農業機械方面的重大發明之一。

　　代田法是西漢武帝時期的農業技術改革家趙過發明的新耕作法。由於在同一地塊上作物種植的田壟隔年代換，所以稱作代田法。它在用地養地、合理施肥、抗旱、保墒、防倒伏、光能利用、改善田間小氣候諸方面多建樹，是後世進行耕作制度改革的先驅和祖師。

　　趙過還在推行代田法的同時，發明了二牛耦耕的耦犁。就是由二牛合犋牽引、三人操作的一種耕犁。

其操作方法是一人牽牛，一人掌犁轅，以調節耕地的深淺，一人扶犁。這種犁犁鏵較大，增加了犁壁，深耕和翻土、培壟一次進行，可以耕出代田法所要求的深一尺、寬一尺的犁溝。

兩牛三人進行耕作，在一個耕作季節可管 5 頃田的翻耕任務。耕作速度快，不至耽誤農時。此後，耦犁構造有所改進，出現了活動式犁箭以控制犁地深淺，不再需人掌轅。

駛牛技術的嫻熟，又可不再需人牽牛。耦犁對漢武帝朝農業生產的發展無疑起了促進作用。

漢代耕犁已基本定形，但漢代的犁是長直轅犁，耕地時回頭轉彎不夠靈活，起土費力，效率不很高。

北魏賈思勰的《齊民要術》中提到長曲轅犁和「蔚犁」，但因記載不詳，只能推測為短轅犁。直到唐代出現了長曲轅犁，才克服了漢犁的弊端。

唐代曲轅犁又稱江東犁。它早出現於唐代後期的東江地區，它的出現是中國耕作農具成熟的標誌。

唐代末年著名文學家陸龜蒙《耒耜經》記載，曲轅犁由十一個零件組成，即犁鏵、犁壁、犁底、壓鑱、策額、犁箭、犁轅、犁梢、犁評、犁建和犁盤。

這些零件都各有特殊的功能和合理的形式。犁壁在犁鏵之上，它們是成一個曲面的復合裝置，用來起土翻土的。犁底和壓鑱把犁頭緊緊地固定下來，增強犁的穩定性。策額是捍衛犁壁的。

犁箭和犁評是調節犁地深淺的裝置，透過調整犁評和犁箭，使犁轅和犁床之間的夾角張大或縮小，這樣就使犁頭深入或淺出。犁梢掌握耕地的寬窄。犁轅是短轅曲轅，轅頭又有可以轉動的犁盤，牲畜是用套耕索來挽犁的。

整個耕犁是相當完備、相當先進的，也很輕巧，耕地的時候回頭轉彎都很靈便，而且入土深淺容易控制，起土省力，效率比較高。

陸龜蒙（？～八八一年），字魯望，別號天隨子、江湖散人、甫裡先生。唐代農學家、文學家。他的小品文主要收在《笠澤叢書》中，現實針對性強，議論也頗精切，如《野廟碑》、《記稻鼠》等。陸龜蒙與皮日休交友，世稱「皮陸」，詩以寫景詠物為多。

唐代曲轅犁不僅有精巧的設計，並且還符合一定的美學規律，有一定的審美價值。

唐代曲轅犁反映了中華民族的創造力，不僅有著精巧的設計，精湛的技術，還蘊含著一些美學規律，其歷史意義、社會意義影響深遠。在現在的農具設計中，曲轅犁仍有著很好的借鑑意義。

宋元以後，耕犁的形式更加多樣化，各地創造了很多新式的耕犁。南方水田用犁鑱，北方旱地用犁鐴，耕種草莽用犁鐴，開墾蘆葦蒿萊等荒地用犁儀，耕種海邊地用耬鋤。

根據史料記載，在整個古代社會，中國耕犁的發展水平一直處於世界農業技術發展的前列。

閱讀連結

中國大約自商代起已使用耕牛拉犁，木身石鏵。戰國時期，又在木犁鏵上套上了「V」字形鐵刃，俗稱鐵口犁。犁架變小，輕便靈活，更可以調節深淺，大大提高了耕作效率。

這兩項技術都早於歐洲。前者，歐洲農夫在西元前五百年造出了鐵犁，犁前有兩個輪子和一個犁刃，即犁鏵；後者，歐洲人於一七〇〇年開始用羅瑟蘭犁、蘭塞姆金鐵犁和播種機。

總之，犁的發明、應用和發展，凝聚了中國人和世界其他各位發明家的心血，並顯現了他們的智慧。

▌灌溉的機械龍骨水車

龍骨水車亦稱「翻車」、「踏車」、「水車」，亦稱「龍骨」。是中國古代著名的農業灌溉機械之一。因其形狀猶如龍骨，故名「龍骨水車」。

後世又有利用流水作動力的水轉龍骨車，利用牛拉使齒輪轉動的牛拉翻車。以及利用風力轉動的風轉翻車。廣東等地用手搖的較輕便，用於田間水溝，稱「手搖拔車」。

■古代灌溉設施

　　東漢末年的馬鈞在魏國做一個小官，經常住在京城洛陽。當時在洛陽城裡，有一大塊坡地非常適合種蔬菜，老百姓很想把這塊土地開闢成菜園，可惜因無法引水澆地，一直空閒著。

　　馬鈞看到後，就下決心要解決灌溉上的困難。於是，他就在機械上動腦筋。經過反覆研究、試驗，他終於創造出一種翻車，把河裡的水引上了土坡，實現了老百姓的多年願望。

　　人力龍骨水車是以人力做動力，多用腳踏，也有用手搖的。元代王禎《農書》和清代學者完顏麟慶的《河工器具圖說》中關於龍骨車的敘述比較詳細。

　　它的構造除壓欄和列檻樁外，車身用木板作槽，長兩丈，寬四吋至七吋不等，高約一尺，槽中架設行道板一條，和槽的寬窄一樣，比槽板兩端各短一尺，用來安置大小輪軸。

在行道板的上下處，通周由一節一節的龍骨板葉用木銷子連接起來，這很像龍的骨架一樣，所以名叫「龍骨車」。

完顏麟慶（一七九一年～一八四六年），字伯餘，別字振祥，號見亭，鑲黃旗人。清代官員、學者。嘉慶十四年，即一八〇九年進士。道光間官江南河道總督十年，蓄清刷黃，築壩建閘。麟慶生平涉歷之事，各為記，記必有圖，稱《鴻雪因緣記》，又有《黃運河口古今圖說》、《河工器具圖說》和《凝香室集》。

人力龍骨水車因為用人力，它的汲水量不夠大，但是凡臨水的地方都可以使用，可以兩個人同踏或搖，也可以只一個人踏或搖，很方便，深受人們的歡迎，是應用很廣的農業灌溉機械。

馬鈞的翻車，是當時世界上先進的生產工具之一，從那時起，一直被中國鄉村歷代所沿用，發揮著巨大的作用。

元代王禎在他的《農書》上記載了水轉龍骨水車的裝置。

水車部分完全和以前的各種水車相同。它的動力機械裝在水流湍急的河邊，先樹立一個大木架，大木架中央豎立一根轉軸，軸上裝有上、下兩個大臥輪。下臥輪是水輪，在水輪上裝有若干板葉，以便借水的衝擊使水輪轉動。

上臥輪是一個大齒輪，和水車上端軸上的豎齒輪相銜接。把水車裝在河岸邊挖的一條深溝裡，流水衝擊水輪轉動，臥齒輪帶動水車軸上的豎齒輪轉動，也就帶動水車轉動，把水從河中深溝裡車上岸來，流入田間，灌溉莊稼。

如果水源的地勢比較高，可以做大的立式水輪，直接安裝在水車的轉軸上，帶動水車轉動，這樣可以省去兩個大齒輪。

　　水轉龍骨水車是元代機械製造方面的一個巨大的進步，也是利用自然力造福人類的一項重大成就。

　　由於龍骨水車結構合理，可靠實用，所以能一代代流傳下來。直到近代，龍骨水車作為灌溉機具現在已被電動水泵取代了，然而這種水車鏈輪傳動、翻板提升的工作原理，卻有著不朽的生命力。

　　明太祖（一三二八年～一三九八年），朱元璋，字國瑞，原名朱重八，後取名為興宗。明代濠州鐘離人。他是明代的開國皇帝，謚號「開天行道肇紀立極大聖至神仁文義武俊德成功高皇帝」，廟號太祖。他在位期間，努力恢復發展生產，整治貪官，其統治時期被稱為「洪武之治」。

　　馬鈞的翻車主要是利用人力轉動輪軸灌水，後來由於輪軸的發展和機械製造技術的進步，在此基礎上發明了以畜力、風力和水力作為動力的龍骨水車，並且在全國各地廣泛使用。

　　元末明初，蕭山曾出現過一位奇人，他就是發明牛轉龍骨水車，得到明太祖嘉許的單俊良。

　　單俊良年幼時，有一天，他正在唐家橋畔釣魚，忽見一老翁向他走來，便起身道安。禮畢，繼續垂釣。

　　一名老翁望著這位懂禮節的孩子，不住地頷首微笑說：「孺子可教也，望能造福鄉里。」並從懷中取出一書，交給了他。未等單俊良道謝，老翁便隱去。

農家幫手——農具發明

　　單俊良手捧寶書，愛不釋手，哪裡還有心思釣魚，便收拾釣具回家。此後，他整天埋頭苦讀，學識日漸長進。

　　明初，由於農業生產的需要，已從戽水灌田發展到普遍使用腳踏或手牽龍骨水車引水灌田。但是，勞作極為辛苦，而且灌溉效率也不高。每遇天旱，更不能救急。

　　單俊良從山區居民引溪水衝擊水碓大木輪轉動石杵、舂米打料受到啟發，試製一種用畜力替代人力的水車，來減輕農民的勞動強度。經過反覆試驗，不斷思索，終於發明了牛轉水車。

　　水碓又稱機碓、水搗器、翻車碓或鼓碓水碓，是腳踏碓機械化的結果。其動力機械是立式水輪，輪上裝板葉，轉軸上裝撥板，依靠撥板來撥動碓桿。碓桿一端裝圓錐形石頭，下面石臼裡放稻穀。流水衝擊水輪使它轉動，撥板撥動碓桿，使碓頭一起一落地進行舂米。利用水碓，可以日夜加工糧食。

　　這種水車，運用齒輪變速的原理，由牛拉動木製轉盤，透過一百零一個大齒輪，把動力傳到裝在水車頭上的小齒輪上，大齒輪轉一圈，小齒輪就可轉上數圈，緊扣小齒輪的龍骨車板就把河水連續戽上來。

　　這一新型灌溉農具的使用，是中國農具史上的一次革新，不僅大大減輕了江南農民的勞動強度，也提高了灌溉效率。

　　不久，地方政府將這種牛轉龍骨水車繪成圖紙，送給朝廷。明太祖看到後稱讚不已，專下詔書，加以推廣。這樣，牛轉龍骨水車很快在江南農村推廣普及。

閱讀連結

　　水車是中國古老的農業灌溉工具，是先人們在征服世界的過程中創造出來的高超勞動技藝，是珍貴的歷史文化遺產。

　　漢代造出水車後，三國時孔明曾經把它改造和完善，然後在蜀國推廣使用，被稱為「孔明車」。這項灌溉農具灌溉了大片蜀國的農田，為當時經濟的發展造成了至關重要的作用。

　　隨著農業機械化、現代化的發展，「孔明車」已近絕跡。但在人類文明的歷史長河中，「孔明車」畢竟創造過，奉獻過，輝煌過。

糧加工工具水碓和水磨

　　穀物收穫脫粒以後，要加工成米或麵才能食用。中國古代在糧食加工方面發明了用水力做動力的水碓和水磨。

　　水碓是利用水力舂米的機械，水磨是一種古老的磨麵粉工具。這些機械效率高，應用廣，是農業機械方面的重要發明。

　　水碓作為千百年流傳下來的古老機械加工方式，凝結了大自然的力量與先人的智慧，為古人加工糧食提供了便利。

■水碓浮雕

　　西漢學者桓譚在他的《桓子新論》裡，早記載了水碓這種利用水力舂米的機械。

　　水碓的動力機械是一個大的立式水輪，輪上裝有若干板葉，輪軸長短不一，看帶動的碓的多少而定。

　　轉軸上裝有一些彼此錯開的撥板，一個碓有四塊撥板，四個碓就要十六塊撥板。撥板是用來撥動碓桿的。每個碓用柱子架起一根木桿，桿的一端裝一塊圓錐形石頭。

　　下面的石臼裡放上準備要加工的稻穀。流水衝擊水輪使它轉動，軸上的撥板就撥動碓桿的梢，使碓頭一起一落地進行舂米。利用水碓，可以日夜加工。

　　凡在溪流江河的岸邊都可以設置水碓。根據水勢的高低大小，人們採取一些不同的措施。如果水勢比較小，可以用木板擋水，使水從旁邊流經水輪，這樣可以加大水流的速度，增強衝擊力。

桓譚（西元前二十三年～五十年），字君山，沛國相人，即現在的安徽濉溪縣西北。東漢哲學家、經學家、琴家。愛好音律，善鼓琴，博學多通，遍習五經。桓譚的《桓子新論》很受時人和後世學者重視。稍晚的王充很推許《桓子新論》，給予很高的評價。

　　水碓在西晉時期有了改進。西晉時期著名的政治家、軍事家和學者杜預，總結了中國利用水排原理加工糧食的經驗，發明了連機碓。

　　帶動碓的多少可以按水力的大小來定，水力大的地方可以多裝幾個，水力小的地方就少裝幾個。設置兩個碓以上的叫做連機碓，常用的都是連機碓，一般都是四個碓。

　　杜預（二二二年～二八五年），字元凱，京兆杜陵人，位於現在的陝西西安東南地區。西晉時期著名的政治家、軍事家和學者，滅吳統一戰爭的統帥之一。博學多通，多有建樹，被譽為「杜武庫」。著有《春秋左氏經傳集解》及《春秋釋例》等。

　　杜預連機碓的構造大概是水輪的橫軸穿著四根短橫木，與軸成直角，旁邊的架上裝著四根舂穀物的碓梢，橫軸上的短橫木轉動時，碰到碓梢的末端。

　　對它施壓，另一頭就翹起來，短橫木轉了過去，翹起的一頭就落下來，四根短橫木連續不斷地打著相應的碓梢，一起一落地舂米。

入唐以後，水碓記載更多，其用途也逐漸推廣。大凡需要搗碎之物，如藥物、香料、乃至礦石、竹簍紙漿等，皆可用省力功大的水碓。

繼後不久，水磨又根據此原理被發明了。南北朝時期科學家祖沖之造水碓磨，可能是一個大水輪同時驅動水碓與水磨的機械。

磨，是把米、麥、豆等加工成面的機械。磨有用人力的、畜力的和水力的。舂米工具由杵臼到腳踏碓到水力碓的進步，特別是多個齒輪連帶轉動的連磨的利用等，都較過去大大提高了效率。

中國在春秋時期就出現了簡單的粉碎工具杵臼。杵臼進一步演變為漢代腳踏碓。這些工具運用槓桿原理，具備了破碎機械的雛形，但粉碎動作是間歇的。

最早採用連續粉碎動作的破碎機械，是春秋末期由魯班發明的畜力磨，這是一種效率很高的磨。

磨用兩塊有一定厚度的扁圓柱形的石頭製成，這兩塊石頭叫做磨扇。下扇中間裝有一個短的立軸，上扇中間有一個相應的空套，兩扇相合以後，上扇可以家祖沖之造水碓磨繞軸轉動。

兩扇相對的一面，留有一個空膛，叫磨膛，膛外周製成一起一伏的磨齒。

上扇有磨眼。磨面的時候，穀物透過磨眼流入磨膛，均刀地分佈在四周，被磨成粉末，從夾縫中流到磨盤上，過羅篩去麩皮等就得到麵粉。

用水力作為動力的磨，它的動力部分是一個臥式水輪，在立軸上安裝上扇，流水衝動水輪帶動磨轉動。

隨著機械製造技術的進步，後來人們發明一種構造比較複雜的水磨，一個水輪能帶動幾個磨同時轉動，這種水磨叫做水轉連機磨。

王禎《農書》上有關於水轉連機磨的記載。這種水力加工機械的水輪又高又寬，是立輪，須用急流大水衝動水輪。輪軸很粗，長度要適中。在軸上相隔一定的距離，安裝三個齒輪，每個齒輪和一個磨上的齒輪相銜接，中間的三個磨又和各自旁邊的兩個磨的木齒相接。

水輪轉動透過齒輪帶動中間的磨，中間的磨一轉，又透過磨上的木齒帶動旁邊的磨。這樣，一個水輪能帶動九個磨同時工作。

上述這些糧食機械除用於穀物加工外，還擴展到其他物料的粉碎作業上。是中國古人智慧的結晶，也是人類文明史進步的標誌。

閱讀連結

先進農機具的發明和採用是中國古代農業發達的重要條件之一。《世本》說魯班製作了石磨，《物原·器原》又說他製作了礱、磨、碾子，這些糧食加工機械在當時是很先進的。另外，《古史考》記載魯班製作了鏟。

魯班除了發明糧食加工機械，還在木工工具、兵器、仿生機械、雕刻、土木建築等方面有許多發明。當然，有些傳

說可能與史實有出入，但卻歌頌了中國古代工匠的聰明才智。
魯班被視為技藝高超的工匠的化身，更被土木工匠尊為祖師。

溉田造地——農業工程

　　水是農業的命脈，土是農業生產的基礎。這兩者均可利用工程手段對之進行合理開發、利用和保護，以利於發展農業生產。中國古代在水土利用方面，修建了許多重要工程，做出了舉世矚目的成就。

　　古代農田水利工程主要的作用就是灌溉，是糧食產量的根本保證。鄭國渠和白渠、都江堰等都是著名的水利工程。

　　古人在土地開發利用的智慧同樣不可低估，不僅開發山地，修建了梯田，還對河湖灘地、水面、乾旱地區的土地加以利用，取得了巨大成效。

▋輝煌的古代農田水利工程

　　中國農田水利建設，歷史十分悠久，從夏禹治水算起，至今已有四千年了。在漫長的歷史發展過程中，中國農田水利建設取得了舉世矚目的成就。

　　由於中國的地勢複雜，各地所要解決的水利問題有所不同，因而在中國的農田水利建設中，出現了多種多樣的水利工程。

　　如渠系工程、陂塘工程、塘泊工程等。它們在農田灌溉上發揮了重要的歷史性作用。

■大禹塑像

　　傳說在原始社會末期的堯舜時期，中國黃河流域發生了一次大洪水。當時滔滔洪水，浩浩蕩蕩，包圍了高山，吞沒了田園，九州大地汪洋一片。

面對滔滔洪水，禹一面帶頭參加治河勞動，艱苦地勞動，一面進行調查和測量。在這個基礎上，他總結了前人治水失敗的教訓，將治水的重點放在疏導方面。

禹根據水流運動的規律，因勢利導，開通河川，將洪水排入河川，引入大海。

在禹的領導下，經過十三年左右的努力，人們終於戰勝了洪水的為害，平息了水患。

這十三年，禹三過家門而不入，沒有因為戀家而忘了治水，表現了他公而忘私，一心治水，為民除害的高大形象。

夏禹治水，是中國大規模進行水利建設的開端，它是古代人民與大自然頑強搏斗的象徵。因此，後世的人們更加注重水資源的利用，建設了許多農田水利工程。諸如渠系工程、陂塘蓄水工程、陂渠串聯、圩田工程、堤埝工程、澱泊工程、海塘工程等。

渠系工程主要應用於平原地區，水利多以蓄、灌為主。早在戰國時期，這種工程已經出現，以後一直沿用，這是中國農田水利建設中運用普遍的一種工程。

渠系工程著名的有關中的鄭國渠和白渠、臨漳的漳水十二渠、四川都江堰、北京戾陵堰、寧夏艾山渠、河套引黃灌溉、內蒙古灌區、寧夏灌區等。相對來說，其中的鄭國渠和白渠、四川都江堰灌溉工程的影響更為深遠。

鄭國渠興建於西元前二四六年，由韓國水工鄭國主持興建。

鄭國渠西引涇水，東注洛水，幹渠全長約一百五十公里，灌溉面積擴大到四萬餘頃。由於鄭國渠引用的涇水挾帶有大量淤泥，用它進行灌溉又造成淤灌壓鹼和培肥土壤的作用，使這一帶的「澤鹵之地」又得到了改良，關中因而成為沃野。

後來「秦以富強，卒並諸侯」。在秦統一六國中，鄭國渠起了重要作用。

白渠為漢武帝時修建，位於鄭國渠之南，走向與鄭國渠大體平行。

白渠西引涇水，東注渭水，全長約一百公里，灌溉面積四千五百多頃。此後人們將它與鄭國渠合稱為鄭白渠，可見鄭白渠溉田造地的修建，對關中平原農業生產和經濟發展的重要作用。

除此之外，在關中平原上修的灌渠，還有輔助鄭國渠灌溉的六輔渠，其中引洛水灌溉的龍首渠，在施工方法上又有重大的創新。

龍首渠在施工中要經過商顏山，由於山高土松，挖明渠要深達四十多丈，很容易發生塌方，因此改明渠為暗渠。

先在地面打豎井，到一定深度後，再在地下挖渠道，相隔一定距離鑿一眼井，使井下渠道相通。這樣，既防止了塌方，又增加了工作面，加快了進度。

這是中國水工技術上的一個重大創造，後來這一方法傳入新疆便發展成了當地的獨特灌溉形式坎兒井。

四川都江堰古稱「湔堋」、「湔堰」、「金堤」、「都安大堰」，到宋代才稱都江堰。

都江堰位於岷江中游灌縣境內，岷江從上游高山峽谷進入平原，流速減慢，挾帶的大量沙石，隨即沉積下來，淤塞河道，時常泛濫成災。

秦昭王後期，派李冰為蜀守，李冰是中國古代著名的水利專家。他到任以後，就主持修建了這項有名的都江堰水利工程。工程主要由分水魚嘴、寶瓶口和飛沙堰組成，分水魚嘴是在岷江中修築的分水堰，把岷江一分為二。

外江為岷江主流，內江供灌渠用水。寶瓶口是控制內江流量的咽喉，其左為玉壘山，右為離堆，此處岩石堅硬，開鑿困難。

為了開鑿寶瓶口，當時人們採用火燒岩石，再潑冷水或醋，使岩石在熱脹冷縮中破裂的辦法，將它開挖出來的。

飛沙堰修在魚嘴和寶瓶口之間，起溢洪和排沙卵石的作用。洪水時，內江過量的水從堰頂溢入外江。同時把挾帶的大量河卵石排到外江，減少了灌溉渠道的淤積。

李冰戰國時代著名的水利工程專家。秦昭王時任蜀郡太守。期間，他征發民工在岷江流域興辦許多水利工程，其中以他和其子一同主持修建的都江堰水利工程最為著名。幾千年來，該工程為成都平原成為天府之國奠定了堅實的基礎。

由於都江堰位於扇形的成都沖積平原的高點，所以自流灌溉的面積很大，取得了溉田萬頃的效果。成都平原從此變成了「水旱從人，不知饑饉」的「天府之國」。

溉田造地——農業工程

　　都江堰不僅設計合理，而且還有一套合理的管理養護制度，提出了「深淘灘，低作堰」的養護維修辦法。在技術上還發明了竹籠法、榪槎法，在截流上具有就地取材靈活機動易於維修的優點。

　　這項水利工程一直在發揮其良好的效益。這充分體現了中國古代的聰明才智。

　　陂塘蓄水工程一般都在丘陵山區，工程的主要目的是蓄水以備灌溉，同時也起著分洪防洪的作用。歷史上著名的陂塘蓄水工程有安徽一百一十三省壽縣的芍陂和浙江省紹興鑒湖。

　　安徽壽縣的芍陂建於春秋時期，是中國早年的一項陂塘蓄水工程，為楚國令尹孫叔敖所建。

　　芍陂是利用這一地區，東、南、西三面高，北面低的地勢，以沘水與肥水為水源，而形成的一座人工蓄水庫，庫有五個水門，以便蓄積和灌溉。

　　馬臻（八十八年～一四一年），字叔薦，扶風茂陵人，也就是現在的陝西興平。東漢的水利專家，是漢和帝時最後一位會稽太守。馬臻參與泗湧湖的施工，為會稽歸治山陰提供了前提條件。馬臻創立鑒湖，是長江以南最古老的一個陂塘蓄水灌溉工程。

　　全陂周圍六十公里，到晉時仍灌溉良田萬餘頃，它在當時對灌溉防洪航運等都起了重要的作用。現在安徽的安豐塘，就是芍陂淤縮後的遺蹟。

紹興鑒湖又稱鏡湖，位於浙江省紹興縣境內。東漢時會稽太守馬臻主持修築。

　　紹興在鑒湖未建成以前，北面常受錢塘大潮倒灌，南面也因山水排泄不暢而瀦成無數湖泊。每逢山水盛發或潮汐大漲，這裡常為一片汪洋。

　　馬臻的措施是在分散的湖泊下緣，修了一條長一百五十五公里的長堤，將眾多的山水攔蓄起來，形成一個蓄水湖泊，即鑒湖。這樣一來，就消除了洪水對這一帶的威脅。

　　由於鑒湖高於農田，而農田又高於海面，這就為灌溉和排水提供了有利的條件。農田需水時，就泄湖灌田，雨水多時，就關閉水門，將農田水排入海中。

　　鑒湖的建成，為這一地區解除積澇和海水倒灌為患創造了條件，並使農田得到了灌溉的保證。鑒湖因此成了長江以南古老的一個陂塘蓄水灌溉工程。

　　陂渠串聯，也叫長藤結瓜，它是流行於淮河流域的一種水利工程。這種工程，就是利用渠道將大大小小的陂塘串聯起來，把分散的陂塘水源集中起來統一使用，用來提高灌溉的效率。

　　戰國末年湖北襄陽地區建成的白起渠，是秦將白起以水代兵、水淹楚國鄢城的戰渠。它可以說是早的陂渠串防工程。該工程壅遏湍水，上設三水門，後又擴建三石門，合為六門，故稱為六門堨。

六門堨的上游有楚堨，下游有安眾港、鄧氏陂等。六門堨是一個典型的長藤結瓜型的水利工程。該工程灌溉穰、新野、昆陽三縣五千餘頃農田，是當時一個具有相當規模的大灌區。

圩田是一種土地利用方式，也是一種水利工程的形式，主要是在低窪地區，建造堤岸，阻攔外水，修建良田。

白起（？～前二五七年），羋姓，白氏，名起，楚白公勝之後，故又稱公孫起，郿人，即現在的陝西寶雞眉縣。戰國時期秦國名將。與廉頗、李牧、王翦並稱為戰國四大名將，位列戰國四大名將之首。曾以水代兵，修戰渠，即白起渠水淹楚國鄢城。

這種水利工程，在太湖地區稱為圩田，在洞庭湖地區稱為堤垸，在珠江三角洲稱為堤圍，也稱基圍。名稱不同，實際上都是同一類型的工程。

太湖圩田建設鼎盛時期是在五代的吳越時期。吳越王錢鏐對於太湖地區的農田水利進行大力修建、改造，經過八十多年的努力，使太湖地區變成了一個低田不怕澇，高田不怕旱，旱澇保豐收的富饒地區。這充分反映了吳越時期，太湖地區的水利建設所取得的重大成就。

閱讀連結

戰國時魏國的鄴地，即今河北臨漳縣一帶，常受漳水之災。當地的惡勢力，借此大搞「河伯娶婦」的騙局，殘害人民，騙取錢財。

魏文侯時派西門豹到鄴地任地方官。西門豹到任後，一舉揭穿了「河伯娶婦」的騙局，狠狠地打擊了地方惡勢力，並領導群眾治理洪水，修建了漳水十二渠。

漳水十二渠修成後，不僅使當地免除了水害之災，使土地得到了灌溉，而且利用了漳水中的淤泥，改良了兩岸的大量鹽鹼地，促進了農業生產的發展。

▌特色鮮明的坎兒井工程

坎兒井是荒漠地區一種特殊灌溉系統，遍佈於新疆吐魯番地區。坎兒井與萬里長城、京杭大運河並稱為中國古代三大工程。

坎兒井是針對新疆自然特點，利用地下水進行灌溉的一種特殊形式，鮮明體現了中國古代的聰明和智慧。坎兒井孕育了吐魯番各族人民，使沙漠變成了綠洲，對發展當地農業生產具有重要的意義。

■新疆坎兒井

坎兒井在漢代已經在新疆出現。《漢書·西域傳下》載，漢宣帝時，遣破羌將軍辛武賢率兵至敦煌靖邊，「穿卑鞮侯井以西」，這是試圖透過開鑿坎兒井的方式引出地下水，在地面形成運河。

「卑鞮侯井」的泉水水源、井渠結合的工程形式，顯然就是我們今天所說的坎兒井。

新疆坎兒井的大發展是在清代，據《新疆圖志》記載，十七八世紀時，北疆的巴裡坤、濟木薩、烏魯木齊、瑪納斯、景化烏蘇，南疆的哈密、鄯善、吐魯番、於闐、和田、莎車、疏附、英吉沙爾、皮山等地，都有坎兒井。

最長的哈拉馬斯曼渠，長七十五公里，能灌田一千一百多公頃。清末，僅吐魯番一地就有坎兒井一百八十五處。利用坎兒井進行灌溉，對新疆農業生產的發展起過重要的作用。

清代道光年間，林則徐赴新疆興辦水利，他在吐魯番見到坎兒井後，說：「此處田土膏腴，歲產木棉無算，皆卡井水利為之也。」

總的說來，坎兒井的構造原理是：在高山雪水潛流處，尋其水源，在一定間隔打一眼深淺不等的豎井，然後再依地勢高下在井底修通暗渠，溝通各井，引水下流。地下渠道的出水口與地面渠道相連接，把地下水引至地面灌溉桑田。

辛武賢漢代隴西郡狄道人，即現在的甘肅臨洮。漢代著名大臣。他曾經修建井渠結合的「卑鞮侯井」即坎兒井工程。漢宣帝元康時任酒泉太守。西羌貴族反叛以後，他被就地任為破羌將軍。辛武賢對羌人的軍事進剿，造成了鞏固祖國統一的作用。

坎兒井是一種結構巧妙的特殊灌溉系統，它由豎井、暗渠、明渠和澇壩四部分組成。

豎井是開挖或清理坎兒井暗渠時運送地下泥沙或淤泥的通道，也是送氣通風口。井深因地勢和地下水位高低不同而有深有淺，一般是越靠近源頭豎井就越深，深的豎井可達九十公尺以上。

豎井與豎井之間的距離，隨坎兒井的長度而有所不同，一般每隔二十至七十公尺就有一口豎井。一條坎兒井，豎井少則十多個，多則上百個。井口一般呈長方形或圓形，長一公尺，寬七十公分。戈壁灘上的一堆一堆的圓土包，就是坎兒井的豎井口。

暗渠，又稱地下渠道，是坎兒井的主體。暗渠的作用是把地下含水層中的水聚到它的身上來，一般是按一定的坡度由低往高處挖，這樣，水就可以自動地流出地表來。

暗渠一般高一百七十公分，寬一百二十公分，短的一百至兩百公尺，長的長達二十五公里，暗渠全部是在地下挖掘，因此掏挖工程十分艱巨。

漢代開挖暗渠時，為儘量減少彎曲、確定方向，吐魯番的先民們創造了木棍定向法。即相鄰兩個豎井的正中間，在井口之上，各懸掛一條井繩，井繩上綁上一頭削尖的橫木棍，兩個棍尖相向而指的方向，就是兩個豎井之間短的直線。

然後再按相同方法在豎井下以木棍定向，地下的人按木棍所指的方向挖掘就可以了。

在掏挖暗渠時，吐魯番人民還發明了油燈定向法。油燈定向是依據兩點成線的原理，用兩盞旁邊帶嘴的油燈確定暗渠挖掘的方位，並且能夠保障暗渠的頂部與底部平行。

但是，油燈定位只能用於同一個作業點上，不同的作業點又怎樣保持一致呢？挖掘暗渠時，在豎井的中線上掛上一盞油燈，掏挖者背對油燈，始終掏挖自己的影子，就可以不偏離方向，而渠深則以泉流能淹沒筐沿為標準。

暗渠越深空間越窄，僅容一個人彎腰向前掏挖而行。由於吐魯番的土質為堅硬的鈣質黏性土，加之作業面又非常狹小。因此，要掏挖出一條二十五公里長的暗渠，不知要付出怎樣的艱辛。

黏性土由黏粒與水之間的相互作用產生，黏性土及其土粒本身大多是由矽酸鹽礦物組成。保水保肥能力強，但孔隙小，通氣透水性能差，濕時黏乾時硬。黏土的狀態按液性指數分為堅硬、硬塑、可塑、軟塑和流塑。黏性土的含水量對其物理狀態和工程性質有重要影響。

　　由此可見，總長五千公里的吐魯番坎兒井被稱為「地下長城」，真是當之無愧。

　　暗渠還有不少好處。由於吐魯番高溫乾燥，蒸發量大，水在暗渠溉田造地不易被蒸發，而且水流地底不容易被汙染。經過暗渠流出的水，經過千層沙石自然過濾，終形成天然礦泉水，富含眾多礦物質及微量元素，當地居民數百年來一直飲用至今，不少人活到百歲以上。因此，吐魯番素有中國「長壽之鄉」的美名。

　　暗渠流出地面後，就成了明渠。顧名思義，明渠就是在地表上流的溝渠。

　　人們在一定地點修建了具有蓄水和調節水作用的蓄水池，這種大大小小的蓄水池，就稱為澇壩。水大量蓄積在澇壩，哪裡需要，就送到哪裡。

　　坎兒井在吐魯番盆地大量興建的原因，是和當地的自然地理條件分不開。

　　吐魯番是中國極端乾旱地區之一，年降水量只有十六毫米，而蒸發量可達到三千毫米，可稱得上是中國的「乾極」。但坎兒井是在地下暗渠輸水，不受季節、風沙影響，蒸發量小，流量穩定，可以常年自流灌溉。

吐魯番雖然酷熱少雨，但盆地北有博格達山，西有喀拉烏成山，每當夏季大量融雪和雨水流向盆地，滲入戈壁，匯成潛流，為坎兒井提供了豐富的地下水源。

吐魯番盆地北部的博格達峰高達五千四百四十五公尺，而盆地中心的艾丁湖，卻低於海平面一百五十四公尺，從天山腳下到艾丁湖畔，水平距離僅六十公里，高差竟有一千四百幾公里，地面坡度平均約四十分之一，地下水的坡降與地面坡變相差不大，這就為開挖坎兒井提供了有利的地形條件。

吐魯番土質為沙礫和黏土膠結，質地堅實，井壁及暗渠不易坍塌，這又為大量開挖坎兒井提供了良好的地質條件。坎兒井的清泉澆灌滋潤吐魯番的大地，使「火洲」戈壁變成綠洲良田，生產出馳名中外的葡萄、瓜果和糧食、棉花、油料等。

現在，儘管吐魯番已新修了大渠、水庫，但是，坎兒井在後來的建設中一直發揮著「生命之泉」的特殊作用。

閱讀連結

林則徐是民族英雄，也是當時有名的水利專家，曾領命欽差大臣前往新疆南部履勘墾務，行程萬里，足跡遍及新疆的北部、南部和東部。

在他的推動下，吐魯番、鄯善、托克遜新挖坎兒井三百多條。鄯善七克臺鄉現有六十多條坎兒井，據考證多數是林則徐來吐魯番後新開挖的。

像林則徐那樣親自與百姓一起興修水利、開墾荒地的事，當時是十分罕見的。為了紀念林則徐推廣坎兒井的功勞，當地群眾把坎兒井稱之為「林公井」，以表達對林則徐的崇敬仰慕之情。

改造山地的傑作古梯田

梯田是沿山體的等高線開墾的耕田。中國是世界上早開發梯田的國家之一。古梯田是古代農耕文明的活化石，是中國水土保持系統工程的範例。

經過歷代開墾和維護，現在留下的比較著名的古梯田有：江西省上堡梯田、雲南省紅河哈尼梯田、湖南省紫鵲界梯田和廣西壯族自治區龍脊梯田。它們是古代先民農耕經驗的傑作。

■江西崇義上堡梯田

溉田造地——農業工程

　　上堡梯田位於江西省贛州市崇義縣西部齊雲山自然保護區內的上堡景區，有近萬畝高山梯田群落。關於上堡梯田，當地民間有個美麗的傳說。

　　不知何年何月，有天傍晚有兩個瘋癲客人路過南安府西北的一個茅棚野店。店裡有一個婦人專給客人提供喝水、吃飯、住宿之便。

　　這兩個瘋癲客，先喝了一百碗茶，將碗疊在一起。又吃了一百碗飯，也將碗疊在一起。再回看那婦人，婦人不嫌他倆喝多了吃多了，還是笑嘻嘻的。

　　瘋癲客很感激，問店婦：「這個地方叫什麼名？」

　　店婦長嘆說：「叫上堡，是石山荒嶺無田無土的窮地方。」

　　瘋客把茶碗、飯碗攏在一起，捂著肚子說：「不妨，一層山一層田，吃得上堡人成神仙。」

　　店婦知道這兩人有些來歷，忙又說：「光有山有田沒有水也活不了命呀！」

　　那個瘋客試探著問：「要有一碗酒糟就好了。」

　　店婦果然端出一碗滿滿的甜酒糟來。瘋客提起水壺就往酒糟上篩，一邊篩一邊說：「上堡、上堡，高山峻上水森森。」

　　第二天店婦請瘋癲客起床，兩客人卻不見了蹤影。走出門外一看，遠遠近近的山坡上全是一層一疊的水田，像上樓的梯子。以後人們就叫它「梯田」。

　　梯田是在坡地上分段沿等高線建造的階梯式農田。按田面坡度不同而有水平梯田、坡式梯田等。

其實，黃土高原現在的許多坡田的歷史應上溯至先秦時期。先秦時期，中國北方就有治山活動，並孕育了「坡式梯田」。

宋玉又名子淵，戰國時鄢人，即現在的襄樊宜城。楚國辭賦作家。生於屈原之後，或曰是屈原弟子。相傳所作辭賦甚多，《漢書‧卷三十‧藝文志第十》錄有賦十六篇。流傳作品有《九辨》、《風賦》、《高唐賦》、《登徒子好色賦》等。如「下里巴人」、「陽春白雪」、「曲高和寡」的典故皆他而來。

據史籍記載，《詩經‧小雅‧白華》中說：「彪池北流，浸彼稻田。」戰國時期楚國辭賦作家宋玉《高唐賦》說：「長風至而波起兮，若麗山之孤畝。」其中的「稻田」和「孤畝」之類水平田，則是水平梯田的原始雛形。

西漢農學家氾勝之在《氾勝之書》中提到，種稻要各畦之間必有高差，以利水流動交換，這其實就是水平梯田。

此外，漢代還有一些梯田綜合利用的記載。而重慶彭水縣出土的陶田雕塑則表明，東漢時中國梯田修築已非常完善。

隋唐時期，是中國梯田大發展時期，典籍中對梯田及其經營的描述大量增加。唐末詩人崔道融在《田上》中描寫了梯田耕作情形；唐代文學家劉禹錫《機汲井》則表明當時先進的高轉筒車已在梯田經營中發揮著重要作用。

宋代是中國古代梯田發展史上的黃金時期，這一時期，隨著經濟重心南移，梯田在江南得到開發。

比如：福建「墾山隴為田，層起如階級」；四川「於山隴起伏間為防，瀦雨水，用植粳糯稻，謂之囒田，田俗號『雷鳴田』」。

與此同時，梯田一詞也正式出現於文獻當中。北宋詩人範成大《驂鸞錄》對袁州仰山，即今江西省宜春梯田的描寫：

出廟三十里至仰山，緣山腹喬松之磴甚危，嶺阪上皆禾田，層層而上至頂，名梯田。

宋代梯田大規模開發與科技推廣有關。此時許多先進農機具得到了普遍推廣，如龍骨水車、翻車和筒車等。另外，人口增加、南北分治、戰亂頻繁、賦稅繁重也是江南梯田得到大量開發的重要原因。

元明清時期，是古代梯田的成熟時期，其主要標誌，一是出現較系統的梯田理論論述，二是梯田開發範圍進一步擴大。

關於梯田修築技術，元代著名農學家王禎在《農書》中有詳細的描繪，其要點是：先依山的坡度「裁作重蹬」，修成階梯狀的田塊；再「疊石相次包土成田」，修成石梯階，包圍田土，以防水土流失；如果上有水源，便可自流灌溉，種植水稻，若無水源，也可種粟麥。

這是對古代梯田開發經驗進行的總結，在指導梯田開發上起了積極作用。這些梯田修築技術，說明時至元代，中國修建梯田，利用山地已積累了相當豐富的經驗。

由於梯田既能利用山地，又能防止水土流失，所以一直是中國利用山地的一種主要方法。經過歷代開發，中國梯田

進一步發展，出現了美麗的古梯田。如雲南省紅河哈尼梯田、湖南省紫鵲界梯田和廣西壯族自治區龍脊梯田。

雲南省紅河哈尼梯田，也稱元陽梯田，位於雲南省元陽縣的哀牢山南部，是哈尼族人世世代代留下的傑作。

元陽哈尼族開墾的梯田隨山勢地形變化，因地制宜，坡緩地大則開墾大田，坡陡地小則開墾小田，甚至溝邊坎下石隙也開田，因而梯田大者有數畝，小者僅有簸箕大，往往一坡就有成千上萬畝。

哈尼族以數十代人畢生心力，墾殖了成千上萬梯田，將溝水分渠引入田中進行灌溉，因山水四季長流，梯田中可長年飽水，保證了稻穀的發育生長和豐收。

湖南省紫鵲界梯田位於湖南省婁底市新化縣西部山區，它周邊的梯田達一千三百公頃以上，其地勢之高，規模之大，形態之美，堪稱世界之最。

基岩地球陸地表面疏鬆物質如土壤和底土底下的堅硬岩層。透過風化作用發生以後，原來高溫高壓下形成的礦物被破壞，形成一些在常溫常壓下較穩定的新礦物，構成陸殼表層風化層，風化層之下的完整的岩石稱為基岩，露出地表的基岩稱為露頭。

紫鵲界梯田起源於秦漢，盛於唐宋，至今已有兩千餘年的歷史，是當今世界開墾早的梯田之一。紫鵲界梯田的形成，發源於人，得益於水。這裡的地下水，屬於基岩裂隙孔隙水類型，哪裡有基岩裂隙，水就從哪裡冒出來，而且越是山高，水越多。所謂「高山有好水」，在這裡完全得到了印證。

農學春秋：農學歷史與農業科技

溉田造地——農業工程

　　廣西壯族自治區龍脊梯田始建於元代，完工於清初。分佈在海拔三百至一千一百公尺之間，坡度大多在二十六至三十五度之間，大坡度達五十度。從山腳盤繞到山頂，小山如螺，大山似塔，層層疊疊，高低錯落。

　　從流水湍急的河谷，到白雲繚繞的山巔，凡有泥土的地方，都開闢了梯田。垂直高度達五、六里，橫向伸延五、六里，那起伏的、高聳入雲的山，蜿蜒的如同一級級登上藍天的天梯，像天與地之間一幅幅巨大的抽象畫。

　　春來，水滿田疇，串串「珠鏈」從山頭直掛山麓；夏至，佳禾吐翠，排排綠浪從天而瀉入人間；金秋，稻穗沉甸，座座金塔砌入天際；隆冬，雪兆豐年，環環白玉直衝雲端。

　　有趣的是，在這浩瀚如海的梯田世界裡，大的不過一畝，大多數是只能種一、兩行禾的碎田塊。這種景象稱得上是人間一大奇觀。

閱讀連結

　　據說在明代，龍脊梯田當地曾有一個苛刻的地主交代農夫說，一定要耕完兩百〇六塊田才能收工，可農夫工作了一整天，數來數去只有兩百〇五塊，無奈之下，他只好拾起放在地上的蓑衣準備回家，竟驚喜地發現，後一塊田就蓋在蓑衣下面！因此有「蓑衣蓋過田」的說法。

　　稻米的誘惑實在是太大了。當年第一批到達龍脊的壯族人和瑤族人面對著深山，無不咬緊牙關，依靠原始的儀耕火種，開墾出第一塊梯田。他們的子孫經過世代勞作，才有了現在的龍脊梯田。

古代對土地利用方式

中國自古以農業為立國之本，而土地則是農業之本。向山嶺要田，跟河海爭地，即充分利用可能利用的土地，是古代農業發展的根本所在。

古代先民對河湖灘地、潮間帶、水面、乾旱地區的土地利用，表現出大的積極性和智慧，取得了可觀成效，推動了農業的發展。

■山坡上的梯田

古人稱土神為「社」，稱穀神為「稷」。在北京市天安門西側中山公園內，有一座俗稱「五色土」的社稷壇，那就是明清兩代帝王祭祀土神和穀神的地方。

歷代帝王每年至少要在春秋兩季祭祀土神和穀神，春耕之前，要祈求他們的保佑；秋收之後，要報答他們的恩賜，這就是行春祈秋報的古禮。

　　人們有句話叫「民以食為天」，即老百姓以吃飯問題為頭等大事。土地生長出穀物，歷來是人們的主要食物。

　　有土地、有穀物，百姓能夠安居樂業，國家自然太平無事。這才是以社稷象徵國家的真正原因，也是歷代帝王祭祀社稷的真正原因。

　　雖說自古以農業為立國之本，但是中國西部是高山、沙漠，東南部丘陵起伏蜿蜒，僅東北、華北、長江中下游一帶有平原，發展農業的自然條件並不好。

　　同時，中國歷來就以人口眾多著稱，如何利用和開發土地多種穀物，解決吃飯問題，一直是擺在人們面前的頭等大事。

　　在這種情況下，古代開動腦筋，在利用和開發土地方面表現出來的卓越智慧，令人讚嘆。

　　穀神五穀之神，主宰五穀生長的女神，稱之為「五穀母」。對穀神的祭祀，源於上古秋收時節的嘗新祭祖活動，後來這種習俗沿襲下來。此外，穀神也是道家所說的生養之神，被稱為是原始的母體。

　　圩田是人們利用瀕河灘地、湖泊淤地過程中發展起來的一種農田。它是一種築堤擋水護田的土地利用方式。南宋詩人楊萬里在《圩丁詞十解》中說道：

　　圩者，圍也。內以圍田，外以圍水。

　　集中地說明了圩田的特點。

圩田是長江流域人們與水爭地的一種農田，它的歷史可追溯到春秋戰國時代。《越絕書記吳地傳》中所記的「大疁」、「胥主」、「胥卑墟」、「鹿陂」、「世子塘」、「洋中塘」等，都是中國早期的一種圩田。

　　起初的圩田建築比較簡單，只是築堤擋水而已。到五代時，圩田的修建技術有了很大的發展，形成了堤岸、涵閘、溝渠相結合的圩田，而且規模宏大，建設完善。

　　楊萬里（一一二七年～一二〇六年），字廷秀，號誠齋，江西吉州，即現在的江西省吉水縣人。南宋大詩人。與尤袤、范成大、陸游合稱南宋「中興四大詩人」、「南宋四大家」。創作抒發愛國情思詩作四千兩百多首。代表作品有《初入淮河四絕句》、《舟過揚子橋遠望》和《過揚子江》等。

　　據《范文正公集·答手詔條陳十事》記載，五代時的圩田：

　　每一圩方數十里，如大城，中有河渠，外有門閘，旱則開閘引江水之利，潦則閉閘，拒江水之害。

　　能取得「旱澇不及，為農美利」的良好效果。

　　入宋以後，圩田在長江中下游地區發展甚為迅速。據《宋史·河渠志》記載，北宋末年，太平州即今安徽當塗縣沿江圩田「計四萬二千餘頃」。

　　當塗和蕪湖兩縣的田地，十之八九都是圩田，圩岸連接起來，長達兩百四十多公里。淳熙年間太湖周圍的圩田，多達一千四百九十八所。這對當時擴大耕地面積，起了相當大的作用。

淤田是對河邊淤灘地的一種利用方式。其法是利用枯水期播種，搶在夏季漲水前再收一熟。

櫃田是一種小型的圍田，王禎《農書》說它是「築土護田，似圍而小，四面俱置瀽穴，如櫃形制。」

沙田是對江淮間沙淤地的一種土地利用方式。元代農學、農業機械學家王禎在他的《農書》中說道：

南方江淮間沙淤之田也……四圍蘆葦駢密以護堤岸……溉田造地或中貫潮溝，旱則頻溉，或傍繞大港，港則泄水，所以無水旱之憂，故勝他田也。

關於潮間帶的利用，築堤擋潮是一個有效措施，始見於唐代。唐時官員李承於楚州築常豐堰，便是這一辦法。宋代范仲淹在通、泰、楚、海地區築海堤，用的也是這種辦法。

塗田是將海塗開墾為農田的一種方法。據王禎《農書》記載，其方法包括築堤擋潮，開溝排鹽，蓄淡灌溉等措施。其中田邊開溝，則是有關中國濱海鹽地，使用溝洫條田耕作法的早記載。

海塗一般含鹽分很高，所以一開始還不能種莊稼，必須先經過一百三十五個脫鹽過程，其方法是「初種水稗，斥鹵既盡，可為稼田。」

這是中國鹽鹼地治理中利用生物脫鹽的創始。經過這樣處理以後，「其稼收比常田，利可十倍。」 築坡蓄水養魚是明清時期的一個創造，首見於明代學者黃省曾《養魚經》的記載：

鯔魚，松之人於潮泥地鑿池，仲春潮水中捕盈寸者養之，秋而盈尺，腹背皆腴，為池魚之最。

其海塗養魚之發達，由此可見。除養魚而外，還有養殖貝類。種類有蠔、蟶、蠣等，流行的地區主要在浙江、福建、廣東等省。在福建，養蟶的叫蟶田、蟶蕩；在廣州養蠔的叫蠔田，養蠣的叫蠣田；在浙江養蚶的叫蚶田。

清代儒學大家王步青在《種蚶詩》中說：東南美利由來擅，近海生涯當種田。反映了海塗養貝在東南地區已相當發達，並成了農業生產中一個組成部分。

水面的利用主要是架田，這是一種與水爭地的方法。架田與圩田有所不同，圩田是利用濱河灘地，作堤圍水而成，架田則是利用水面，它是透過架設木筏，鋪泥而成，因而它可以稱得上中國古代創造的一種人造耕地。

架田是由葑田發展而來的，所以有時也叫葑田。葑田是因泥沙淤積茭草根部，日久浮泛水面而成的一種天然土地。

五代時，葑田已在廣東淺海一帶發展起來，到了宋代，葑田又發展到長江流域。在南宋詩人範成大的詩中，有「小舟撐取葑田歸」之句；陸游在《入蜀記》中也記有「筏上鋪土作蔬圃，或作酒肆」的大架田。不過這時的架田，已不是天然的葑田，而是人工建造的架田。

南宋的農學家陳旉在其《農書》中，對架田作過詳細的介紹：一能自由移動，二能隨水上下。這種田當時在江浙、淮東、兩廣等地都有，分佈的地區是相當廣泛的。

　　除了木架鋪泥的架田外，還有一種用蘆葦或竹篾編成的浮田。但不鋪泥，只用來種蔬菜，其歷史要比架田早得多。

　　王步青（一六七二年～一七五一年），字漢階，一字罕階，號己山，江蘇金壇人。清初著名儒學大家。他性沖澹，長身玉立，覃心正學，以文名。他操持選正，黜浮崇雅，位居京師仍屏跡一室，學子視為楷模。著有《己山文集》十卷，別集四卷，及《朱子四書本義匯參》四十五卷，並傳於世。

　　晉代的《南方草木狀》中，就有記載：

　　南人編葦為筏，作小孔，浮於水上，種子於中，則如萍根浮水面，及長，莖葉皆出於葦筏孔中隨水上下，南方之奇蔬，按指蕹菜也。

　　清代的《廣東新語》中亦記有這種蕹菜田：「蕹無田，以篾為之，隨水上下，是日浮田。」這是中國人民在土地利用上的一個新創造。

　　至於乾旱地區的土地利用，砂田是一種特殊的土地利用方法。主要流行於甘肅以蘭州為中心的隴中地區，這種田的特點，主要是用砂石覆蓋，所以稱為砂田或石子田。

　　砂田有旱砂田和水砂田之分，建造的辦法是：先將土地深耕，施足底肥，耙平、做實，然後在土面上鋪粗砂和卵石或片石的混合體。砂石的厚度，旱砂田約八到十二公分，水砂田約六到九公分，每鋪一次可有效利用三十年左右。播種時，再撥開砂石點播或籽播，然後再將砂石鋪平，一任莊稼出苗生長。

砂田由於有砂石覆蓋，可以直接防止太陽照射，雨水能沿石縫下滲，又可避免水分流失，蓄的水分又可減少蒸發，還能壓鹼和保溫。

　　中國古代利用開發土地發展農業的智慧絕對不可低估，當然其中有些經驗與教訓對後來的土地利用，仍有著重要的借鑑意義。

閱讀連結

　　據傳說，有一年，甘肅大旱，赤地千里，四野無青。有一位老農在尋找野菜度荒時，在一個鼠洞旁的石縫中，發現了幾株碧綠蔥青、生長健壯的麥苗。

　　他扒開亂石，見下面的地相當濕潤，這一偶然的發現，使這位老農悟出了一個壓石保墒的道理，第二年這位老農依法仿效，果然長出了麥苗。

　　後來，經過不斷改良，便形成了砂田這種土地利用方式，經考證，這一技術大約產生於明代中期，至今約有四、五百年歷史了。

農事文化——農諺農時

　　諺語是一種特殊的語言形式，它源於古代的口頭流傳。來自生產鬥爭的農業諺語和氣象諺語，是為廣大人民群眾所熟知的諺語，對中國古代乃至現代的社會生活和生產活動都有著極為積極的指導作用。

　　自古以來，人們在生活和生產活動之中一直關注節氣的變化規律。

　　二十四節氣的制定，綜合了天文學和氣象學及農作物生長特點等多方面知識，它較準確地反映了一年中的自然力特徵，至今仍然在農業生產中使用，受到廣大農民喜愛。

▌古代農業的諺語文化

　　中國歷代農民在長期的農業生產勞作中，取得了大量的寶貴經驗，摸索出農業生產上的種種規律，然後把這些都濃

縮到形象、生動、簡短的語句中去，由此創造了豐富的農業諺語。

　　農業諺語用簡單通俗、精練生動的話語反映出深刻的道理，是智慧的結晶和經驗的總結，是中華民族的文化瑰寶，歷來深受人民群眾喜愛。

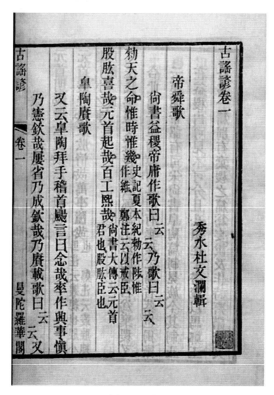

■《古謠諺》卷一

　　中國的諺語源遠流長，清代杜文瀾輯《古謠諺·凡例》說：諺語的興盛在文字產生之前早就已經存在了，在那時並沒有文字上的記載。說明諺語在文字產生之前早就已經存在了。

有了文字之後，諺語才被記錄了下來。如漢代的《四民月令》，晉代的《毛詩草木蟲魚疏》，北魏的《齊民要術》等古書中都有大量的記載。

　　由於中國幅員遼闊，物產豐富，所以農業諺語涉及眾多內容，其中關於天時、地利和人事方面留下了豐富的諺語。

　　天時，是節氣農時的條件，即溫度、水分和光照等自然條件。節氣是中國在長期的生產實踐中掌握農事季節的經驗總結，為保證農事活動的順利進行，必須要準確把握農時。

　　中國農業，尤其是古代農業，在很大程度上受到「天時」的影響，因此，掌握節氣變化，不違農時地安排農事活動，是發展農業生產的一條重要的原則。

　　「節氣」是固定不變的，而自然條件，卻往往發生變化。農業生產必須根據節氣的變化，因地制宜，不違農時地安排生產，使莊稼的生長發育過程，充分適應自然氣候條件。

　　杜文瀾（一八一五年～一八八一年），字小舫，浙江秀水人。清代的官員，詞人。他曾官至江蘇道員，署兩淮鹽運使。有幹才，為曾國藩所稱。杜文瀾善工詞，並著有《宋香詞》、《曼陀羅華閣瑣記》、《古謠諺》、《平定粵寇記略》及《詞律校勘記》等，並傳於世。

　　在面積廣闊的中國領土上，同一節氣在不同地區，氣候條件各不相同，因此農業生產要「因地制宜」，有些諺語就明確體現了這種精神。

　　比如以冬小麥的播種季節為例，華北地區中部的農諺是「白露早，寒露遲，秋分種麥正當時」；華北地區南部的農

諺是「秋分早，霜降遲，寒露種麥正當時」；華北北部的農諺是「白露節，快種麥」。

再如芝麻的播種季節，北方是「小滿芝麻芒種穀，過了冬至種大黍」；中部地區是「芒種種芝麻，頭頂一棚花」；南部地區是「頭伏芝麻二伏瓜，三伏栗子老莊稼」。

即使是在同一地區，由於地形地勢的不同，彼此的氣候條件、溫度、濕度也不一樣。

還是以小麥的播種為例，華北的農諺就是「白露種高山，秋分種平川」；湖北的農諺則是「白露種高山，寒露種平川」。

高山和平川，即使它們是屬於同一地區，播種同種農作物，農時上也要有所差異。其氣候、時令節氣、溫度等變化直接影響著農民們的春種秋收、衣食飽暖，影響著農業的生產。

濕度表示大氣乾燥程度的物理量。在一定的溫度下在一定體積的空氣裡含有的水氣越少，則空氣越乾燥；水氣越多，則空氣越潮濕。空氣的乾濕程度叫做「濕度」。在此意義下，常用絕對濕度、相對濕度、比較濕度、混合比、飽和差以及露點等物理量來表示。

地域的不同也會有不同的農時，古代農業主要是靠天收穫，因此先民對天時和農業生產之間的關係都十分注意。

為此，先民們根據多年來對天時節令的關注，積累了許多的經驗和教訓，概括出了無數經典的農業諺語，成為了先民生產生活中重要的「天氣預報」，給人們的生產帶來了便利。

至於地利諺語，地利，是指農業生產中的土、肥、水各個環節的重要經驗。土地、肥料和水都是農作物生長不可缺少的基本條件。

　　關於「土」的諺語很多，有講土壤改良的，有講水土保持的，有講深耕的，還有講整地的。

　　講土壤改良的諺語如：「黃土變黑土，多打兩石五」；「冷土換熱土，一畝頂兩畝」；「鋪沙又換土，一畝頂兩畝」；「白土地裡看苗，黑土地裡吃飯。」

　　講深耕的諺語如：「秋後不深耕，來年蟲子生」；「耕地深又早，莊稼百樣好」；「春耕深一寸，頂上一遍糞；春耕多一遍，秋收多一石。」

　　講整地的諺語如：「地整平，出苗齊；地整方，裝滿倉」；「犁地要深，耙地要平」；「光犁不耙，枉把力下。」

　　關於肥的諺語也很多，有講施肥重要性的，有講積肥門路的，還有講巧施肥的。

　　講施肥重要性的諺語如：「莊稼百樣巧，肥是無價寶」；「莊稼一枝花，全靠肥當家」；「種地不上糞，等於瞎胡混」；「要得莊稼好，須在肥上找」；「肥料足，多收谷，一熟變兩熟。」

　　講如何巧施肥的諺語如：「莊稼施肥沒別巧，看天看地又看苗」；「春天上糞不懂性，趕到秋後就光腚」；「施肥一大片，不如一條線」；「底肥為主，追肥為輔。」

關於「水」的諺語，有講水利建設的重要性的，有講適時灌溉的，有講積水防旱的。

底肥即基肥。作基肥施用的肥料大多是遲效性的肥料。廄肥、堆肥、家畜糞等是最常用的基肥。底肥是施肥中最基本的一個環節，對作物生長發育尤其是苗期和作物生長前期至關重要，施用底肥一般要從四個方面考慮：即底肥的種類、數量、肥料品種及施用的深度。

講水利建設的重要性的諺語如：「水是莊稼血，肥是莊稼糧」；「水是莊稼寶，四季不能少」；「種田種地，頭一水利」；「多收少收在肥，有收無收在水」；「一滴水，一滴油，一庫水，一倉糧。」

講適時灌溉的諺語如：「秋水老子冬水娘，澆好春水好打糧」；「輕澆勤澆，籽粒結飽」；「水是莊稼油，按時灌溉保豐收」。

人事，是指農業生產中人和地之間的關係，以及有關「植」、「保」、「收」等環節的經驗。人和地的關係甚為密切，兩者之間的作用是相互的，成正比的，古代先民歷來重視人在農業生產中的主觀能動性。

追肥是指在作物生長過程中加施的肥料。追肥的作用主要是為了供應作物某個時期對養分的大量需要，或者補充基肥的不足。在農業生產上通常是把基肥、種肥和追肥相結合。追肥要根據作物生長的不同時期所表現出來的元素缺乏症，對症追肥。

關於「植」的諺語，有講播種的，有講合理種植的，有講鋤草鬆土的，有講間苗、補苗的。

講如何播種的諺語如：「捨不得種子，打不著糧食」；「莊稼長得好，全靠播種早」；「天旱播種宜深，逢春播種宜淺」；「寧在時前，不在時後。」

講合理種植的諺語如：「稀三籮，密三籮，不稀不密收九籮」；「地盡其力田不荒，合理密植多打糧」；「肥田土好栽稀些，瘦田土醜栽密些」；「麥子稠了一扇牆，穀子稠了一把糠。」

講適時收穫的重要性的諺語如：「麥黃了，就要割，又怕起風又怕落」；「九成黃，十成收；十成黃，九成收」；「麥子一熟不等人，耽誤收割減收成」；「就早不就晚，搶收如搶寶。」

關於「保」的諺語，有講植物保護重要性的諺語，有講如何預防病蟲害的。

講植物保護重要性的諺語如：「光栽不護，白搭工夫」；「天乾三年吃飽飯，蟲害一時餓死人」；「有蟲治，無蟲防，莊稼一定長得好」；「一畝不治，百畝遭殃。」

講如何預防病蟲害的諺語如：「除蟲沒有巧，第一動手早，春天殺一個，強過秋天殺萬條」；「冬天把地翻，害蟲命歸天」；「要想害蟲少，除盡地邊草」；「種前防蟲，種後治蟲。」

　　總之，中國古代農業諺語強調「天時」「地利」「人和」這 3 方面的配合。這對現在的農業生產仍然具有一定的實際意義和參考價值。

閱讀連結

　　概括性和科學性是農諺的重要特點。農諺簡短流暢，便於記誦，但它的內容又發人深思。許多農諺看來似屬簡單淺顯，其實包含著深刻的科學原理，需要我們予以分析說明。

　　例如「麥澆芽，菜澆花」，六個字就概括了兩種冬作物的施肥關鍵；「山園直插，蕩園斜插」，指出甘薯要根據不同水分條件，採取不同的扦插方式。

　　農諺中像這種概括性強，富有深刻科學原理的，還有很多需要用現代科學知識或透過具體試驗研究，予以分析提高。

▎古代天氣的諺語文化

　　天氣諺語是早的天氣預報，是世界各國人民在與大自然的斗爭中對天氣的變化進行長期觀測後逐漸摸索出的天氣變化規律。

　　天氣諺語是中國珍貴文化遺產的一個重要的組成部分，是中國對人類氣象科學寶庫所做出的巨大的貢獻。

　　天氣諺語對於展望氣象形勢，保證農業生產，具有一定的科學價值。

■古代農具

　　天氣諺語，在諺語分類劃分時，常常被歸入農諺之中，視天氣諺語為農諺的一部分，一個方面。而這裡所提到的天氣諺語，是脫離農諺而獨立被劃分出來的天氣諺語。

　　這是因為，天氣諺語和人們日常的其他活動有直接關係，且數量相當於星象計算工具觀，流傳的範圍和使用的頻率，比一般農諺還要廣，還要高。

　　天氣諺語是傳授氣象、天氣變化的諺語，反映了「風雲雷電、寒暑燥濕等氣候變化的規律。從其來源和內容兩個方面，可以反映出氣象預測的諺語涉及的面也極為廣泛。

　　天氣諺語從來源看，它包括四個方面：從日月星觀察天氣的變化，從霞光、虹、暈觀看天氣，從氣溫的變化和雲的變化觀測天氣，從動植物的種種跡象觀測天氣變化。

日月星是天空中可以常看見的天體，它們影響著我們的生產生活等社會活動，因此古人為了方便工作，在長期的實踐過程中總結了大量的口訣。

講日的如：「日沒胭脂紅，無雨必有風」；「太陽披蓑衣，明天雨淒淒」。

講月亮的如：「月暈主風，日暈主雨」月亮打黃傘，三天晴不到晚「月如懸弓，少雨多風；月如仰瓦，不求自下。」

月暈以月光作自然光源，經冰晶的折射和反射作用而形成的暈。月暈是光透過高空卷層雲時，受冰晶折射作用，使七色復合光被分散為內紅外紫的光環或光弧，圍繞在月亮周圍產生光圈。月暈的出現，往往預示著天氣要有一定的變化。

霞是日光照在雲彩上所產生的現象，霞指的是染上日光的雲朵。虹、暈等都是大氣中的光學現象，它們對反映天氣的變化有著獨到的作用。

根據霞光來預報天氣的諺語如：「火燒霞，燒不起，三日內有雨」；「早霞紅丟丟，晌午雨瀏瀏，晚霞紅丟丟，早晨大日頭」；「早間霞，夜間雨；傍晚霞，早晨露。」

根據虹來預報天氣的諺語如：「東虹日頭西虹雨」；「東虹風，西虹風，南面有虹要下雨。」

根據暈來預報天氣的諺語如：「日月戴帽，雨將到」；「日暈三更雨，月暈午時風；日暈長江水，月暈草頭風；日暈必下三天雨，月暈必吹一天風。」

看氣溫變化，天氣的冷暖要考慮季節的變化和特定的時間背景。

如：在梅雨時候便有「黃梅寒，井底乾」的諺語，「晝暖夜寒，東海也乾」預示著天氣少雨多晴。如果是在秋冬季節就會有「冬至前後，泄水不走」的諺語。

四季的交替會導致氣溫產生明顯的冷暖交替，並以此來判定天氣的好壞。

如：「春寒多雨水」是說春天如果寒冷，雨就會下很多。「冬至前後，泄水不走」是說冬至前後的雨水比較多，因此農業生產中要注意季節的變化、氣溫的變化。

雲變化快，形式多樣，一定形態的雲往往代表一定的天氣情況。

如：「魚鱗天，不雨也風顛」，說的是魚鱗狀的雲，氣象學上稱此為「卷積雲」，是風雨的前兆；「瓦塊雲，曬死人」則說的是另外形態的雲；「黃瓜雲，淋煞人；茄子雲，曬煞人」，「黃瓜雲」說的是卷雲的一種，為雨將要來臨的先兆。

透過雲來看天氣的晴雨也是農民常用的一種方法，北方農民根據雲的飄動，創造了諺語。

如：「雲行東，雨無蹤，車馬通」；「雲行南，馬濺泥，水沒犁」；「雲行西，雨潺潺，水漲潭」。

梅雨指中國長江中下游地區，每年六月中下旬至七月上半月之間持續陰天有雨的氣候現象，此時段正是江南梅子的成熟期，故稱其為「梅雨」。梅雨季節中，空氣濕度大、氣

溫高、衣物等容易發霉，所以也有人把梅雨稱為同音的「霉雨」。

人們還創造了大批利用動植物的特點、生活習慣等來觀天測象的氣象諺語，這類諺語總結了風雨濕乾、寒暖交替氣候變化在動物身上的規律性的反映，具有一定的科學性。

從動物這一方面來看天氣的有：「朝鶯叫晴，暮鶯叫雨」；「青蛙啞叫，雷雨前兆」；「小燕前寒食叼米，過寒食叼水」；「久雨聽鳥聲，不久轉天晴。」

從植物這一方面來看天氣的有：「水底起青苔，即逢大雨來」；「水面生青靛，天公又作變」；「朝出曬殺，沒出濯殺。」

從天氣預測的內容來看，主要有風、雨、陰、晴的預測，霧、露、霜、雪、雹的預測和旱澇、潮汐、地震的預測，這類氣象諺語很多，每一種天氣變化都有諺語與之相吻合。

講風預測的諺語如：「熱燥生風」；「一年四季風，季季都不同」；「春風暖，夏風涼，秋風寒，冬風冷」；「南風吹到底，北風來還禮」；「南風吹暖北風寒，東風多濕西風乾」；「夜裡起風夜裡住，五更颳風颳倒樹。」

講雨的預測諺語如：「雷聲急，無雨滴。雷聲慢，水滿畈」；「天上起了泡頭雲，不過三天雨淋淋」；「黑雲接得低，有雨在夜裡。黑雲接得高，有雨在明朝」；「日落雲裡走，雨在半夜後」；「雲彩裡鑽太陽，大雨下一場。」

有講陰的預測的諺語如：「烏鴉成群過，明日天必陰；久晴必有久陰，久陰必有久晴」；「重霧天能陰」；「早霧晴，晚霧陰。」

講天晴的預測的諺語如：「今晚雞鴨早歸籠，明日太陽紅彤彤」；「早晨霧，晴破肚」；「早上浮雲走，中午曬死狗」；「早起東無雲，日出漸光明。暮看西邊晴，來日定光明。」

講雲的諺語如：「雲往東，刮陣風。雲往西，披蓑衣」；「天旱不望朵朵雲」；「一塊烏雲在天頂，再大風雨也不驚。」

講霧的諺語如：「清晨霧濃，一日天晴」；「夏霧熱，秋霧涼，冬霧雪，春霧白花開」；「春霧狂風夏霧熱，秋霧連陰冬霧雪」；「十霧九晴。」

講霜的諺語如：「雁南飛，霜期近」；「一日濃霜三日雪，三日濃霜頂場雪」；「一夜孤霜，來年大荒；多夜霜足，來年大熟」；「春霜不隔宿。」

天氣諺語對預測未來短時期內天氣的變化造成一定的輔助作用，先民為了防止這些自然災害對農業生產的破壞，因此憑藉自己的生活經驗創作出了具有一定價值的講地震、旱澇、潮汐的預測的諺語。

講地震的諺語如：「春秋地震多，冬夏地震少」；「冷熱交錯，地震發作」；「房子東西擺，地震南北來。房子南北擺，地震東西來」；「天變雨要到，水變地要鬧。」

講旱澇的諺語如：「連發三日東北風，定有大水後面跟」；「立夏東風搖，麥子水中澇」；「正月雷鳴二月雪，三月田間曬開裂」；「臘月三場霧，河裡踏成路。」

對於這些天氣諺語看來，不能信手拈來，應該認真地加以思索，反覆掂量，驗證它的正確性；同時也應該瞭解此諺語的適用範圍、使用時間、季節性等，這樣才可以讓諺語更好地為生產生活和家居生活等服務，充分地體現古代天氣諺語的價值。

閱讀連結

天氣諺語中運用的形象的比喻，可以讓語言更加生動。例如「天上雲寶塔，不久雨嘩嘩。」這是夏季經常出現的一種濃積雲，因其形似寶塔，故以寶塔喻之。類似於此運用比喻的天氣諺語還有「天上雲像梨，地下雨淋泥」等。

比喻使這些天氣諺語中的雲形象顯得十分鮮明生動。而將比喻這種修辭手法運用其中，使之變為形象鮮明的「寶塔」、「梨」，不僅從感官上加深了印象，對識記天氣諺語也是十分有利的。

▌二十四節氣與農事活動

二十四節氣是中國古代農業文明的具體表現，具有很高的農業歷史文化的研究價值。

二十四節氣是中國獨創的文化遺產，它能反映季節的變化，指導農事活動，是指導農業生產的課程表。

二十四節氣不僅使人用力少收成多，而且影響著千家萬戶的衣食住行。

■星圖節氣鐘

　　二十四節氣起源於黃河流域，遠在春秋時期，中國古代先賢就定出仲春、仲夏、仲秋和仲冬四個節氣，之後不斷地改進和完善，到秦漢年間，二十四節氣已完全確立。

　　漢朝時，漢武帝為了改革立法，四處徵聘天文學家，而落下閎（西元前一五六年～前八十七年）經同鄉譙隆推薦，故鄉到京城長安。他和鄧平、唐都等合作創製的曆法，優於同時提出的其他十七種曆法，並於西元前一〇四年，以其共同編創的《太初曆》正式把二十四節氣定於曆法。

　　古代先民將「二十四節氣」編為口訣：

　　春雨驚春清穀天，夏滿芒夏暑相連，

　　秋處露秋寒霜降，冬雪雪冬小大寒。

　　透過對二十四節氣口訣的分解，可以充分瞭解古代四時季節對農事的影響，感受古代農耕文化內涵。

從天文上劃分，每年二月四日或五日，當太陽到達黃經三百一十五度時為立春；在氣候學中，春季是指平均氣溫十度至二十二度的時段。

時至立春，小春作物長勢加快，油菜抽苔和小麥拔節時耗水量增加，應該及時澆灌追肥，促進生長。農諺提醒人們：「立春雨水到，早起晚睡覺。」大春備耕也開始了。

此時華北、東北地區，雖然天氣漸暖，但仍較寒農事文化冷。正如農家諺語說的那樣：「打春別喜歡，還有四十天冷天氣」。

雨水在每年二月十九日前後，於太陽到達黃經三百三十度時。「雨水」意為降雨開始，雨量漸增。

「雨水」過後，中國大部分地區氣溫回升到零度以上，華南氣溫在十度以上，彼時桃李含苞，櫻桃花開，確以進入氣候上的春天。

黃淮平原日平均氣溫已達三度左右，江南平均氣溫在五度上下。長江中下游地區日平均氣溫五度至七度，降水量三十毫米至四十毫米，大、小麥陸續進入拔節孕穗期。

孕穗期又稱打苞期，是作物的物候期之一。孕穗又叫打苞，做肚，指作物穗子開始膨大，從外形上明顯可見穗苞的狀態。從禾穀類作物旗葉的伸長、展開直至抽穗前稱為孕穗期。拔節至孕穗期是禾穀類作物從起身拔節開始至抽穗開花前這一階段，亦稱營養與生殖生長並進期

驚蟄在每年三月五日或六日，太陽到達黃經三百四十五度時。「蟄」是「藏」的意思。「驚蟄」是指春雷乍動，驚醒了蟄伏於土中冬眠的動物。

驚蟄時節正是「九九」豔陽天，氣溫回升，雨水增多。除東北、西北地區仍是銀裝素裹的冬日外，大部分地區平均氣溫已升到零度以上。

華北地區日平均氣溫為三度至六度，西南和華南已達十度至十五度，可謂春光融融。

這一節氣中國大部地區進入春耕大忙季節。

華北冬小麥開始返青生長，但土壤仍凍融交替，應及時耙地減少水分蒸發。江南小麥已經拔節，油菜也開始見花，對水、肥的要求均很高，應適時追肥，乾旱少雨地方應適當澆水灌溉。

南方雨水一般可滿足菜麥及綠肥作物春季生長需要，為防濕害，須繼續搞好清溝瀝水。

華南地區早稻播種應抓緊進行，同時要做好秧田防寒工作。隨著氣溫回升，茶樹也漸漸開始萌動，應進行修剪，並及時追施「催芽肥」，促其多分枝，多發葉。桃、梨、蘋果等果樹要施好花前肥。

春分在每年三月二十日或二十一日，太陽到達黃經零度時。

到了春分，全國各地日平均氣溫穩定升達零度以上，尤其是華北地區，日平均氣溫幾乎與多雨的沿江江南地區同時升達十度以上而進入明媚的春季。

綠肥作物以其新鮮植物體就地翻壓或漚、堆製肥為主要用途的栽培植物總稱。綠肥作物多屬豆科，在輪作中佔有重要地位，多數可兼作飼草。中國利用綠肥歷史悠久。現在一般採用輪作、休閒或半休閒地種植，除用以改良土壤以外，多數作為飼草。

此時的東北、華北和西北廣大地區，雖然冰雪消融，楊柳吐青，但「春雨貴如油」，降水依然很少，抗禦春旱的威脅是農業生產上的主要問題。

清明是在四月五日前後，太陽黃經位於十五度時，是表徵物候的節氣，含有天氣清爽明朗、草木欣欣向榮之意。既是節氣又是節日的只有清明。

中國傳統的清明節約始於周代，已有兩千五百多年歷史，古時也叫三月節、踏青節，後又把寒食節融而為一，人們的戶外活動增加。

清明一到，氣溫升高，雨量增多，正是春耕春種的大好時節。故有「清明前後，點瓜種豆」、「植樹造林，莫過清明」的農諺，可見這個節氣與農事有著密切的關係。

在此節候，大江南北都進入農忙季節，早、中稻先後播種，小麥拔節，油菜揚花，加強田間管理，玉米、花生播種等。

穀雨在每年四月二十日或二十一日，太陽位於黃經三十度時，是春季後一個節氣。常言道「清明斷雪，穀雨斷霜」，

清明過後雨水增多，有利穀物生長，又可謂是「雨生百穀」之時。

穀雨後的氣溫回升速度加快，中國大部分地區平均氣溫都在十二度以上。長江以南地區「楊花落盡子規啼」，茶農採茶製茶，農業生產上大春作物栽培，小春作物收穫，到了繁忙時期。

穀雨前後小麥要施好孕穗肥，油菜要進行一次葉面噴肥，棉花抓緊播種；與此同時，春田要清溝理墒，防止漬害。

東北地區，則有「穀雨前後種大田」之說。所謂「大田」，主要指高粱、玉米等農作物的種植。與黃河流域相比，東北地區節氣相對比較晚，「穀雨」時降雨量沒有南方那麼多，且因冷暖氣流在本地呈「拉鋸」之勢，易發生大風、沙塵等天氣。

立夏在每年五月五日或六日，太陽到達黃經四十五度時。根據氣象學劃分，連續五天的日平均氣溫超過二十二度才算真正進入夏天。

此時只有南方地區真正進入夏季。東北和西北的部分地區這時則剛剛進入春季，全國大部分地區平均氣溫在十八度至二十度上下，正是「百般紅紫斗芳菲」的仲春和暮春季節。

長江中下游地區日平均氣溫十九度至二十二度，降雨量為九十毫米至一百一十毫米，春花作物進入黃熟階段，要及時搶晴收割。

　　華北、西北等地降水仍然不多，加上春季多風，蒸發強烈，土壤乾旱常影響農作物生長，尤其乾熱風對小麥灌漿乳熟前後的影響。

　　小滿在每年五月二十一日或二十二日，太陽到達黃徑六十度。「小農事文化滿」是指黃河流域麥類作物籽粒飽滿，但未成熟，所以稱小滿。

　　大江南北夏熟作物先後成熟，開始搶晴收割。此時，長江中下游地區日平均氣溫在二十度至二十三度，降雨量為五十毫米至七十毫米，與前後節氣相比降雨稍偏少，但華南地區卻先後進入雨季。

　　芒種在每年六月六日或七日，太陽到達黃經七十五度時。「芒」，指谷實尖端的細毛。《周禮·地官·稻人》有云：「澤草所生，種之芒種。」此中所謂「芒種」，即稻麥也。由此可知狹義上的「芒種」非泛指芒類作物的播種，而是單指水稻而言。

　　到了此節氣，華北、華中、西南地區開始麥田收穫，同時又進入晚稻等農作物的夏種階段，故芒種又被稱之為「忙種」。中國北方農諺中有：「過了芒種，不可強種」，主要指大田而言，自有其深刻的歷史實踐經驗在裡面。

　　夏至時太陽直射北迴歸線，北半球全年白天長。中國南北溫度相差很小，不過十度。多數年份降雨量超過一百毫米，日平均氣溫二十四度至二十八度。在此季節，先民注重加強夏季田間管理，並及時清除雜草和防治病蟲害。

小暑時全國大部分日平均氣溫在二十八度至三十一度，降雨量減少，一般六十毫米至八十毫米。小暑面臨著梅汛和乾旱的轉折期，因此古代歷來重視防汛、抗旱兩不誤。

大暑時全國大部分地區都是炎炎盛暑，這個節氣對全國都適用。從農學春秋降雨量來看，北方雨季已經到來，降雨量增多。

長江流域梅雨結束，伏旱抬頭，晴熱少雨。在華南此時東南季風帶來南海上空的水氣，降雨量仍比較多，此節氣浙北降雨量二十毫米至五十毫米。日平均氣溫二十七度至三十一度，是全年高的時段。喜溫作物，行長速度之快達到了頂峰。

立秋的日平均氣溫開始呈下降趨勢，降雨量在八十毫米至一百毫米，且分佈不均勻。在此季節，對晚稻中耕除草，發生旱象即行灌溉。秋播開始。棉花開始摘頂。

處暑有「大暑小暑不是暑，立秋處暑正當暑」之說。此時，長江中下游地區日平均氣溫二十五度至二十七度；冷暖空氣又開始在長江中下游地區相遇，進入秋雨期，降雨量為八十毫米至一百二十毫米。這時晚稻正處於生長關鍵時期。

白露有「白露秋分夜，一夜涼一夜」之說。隨著季風轉換，日照漸短，強度變弱，冷空氣開始向南活動，全國大部分地區秋高氣爽，連中國西南地區日平均氣溫也降到二十二度以下。

初霜是秋季第一次溫度降到零度以下的日期，而春季最後一次出現霜凍稱為終霜凍，那個日子稱為終霜期；終霜期

到初霜期這段時間稱為無霜期，初霜期到終霜期這段時間稱霜期。無霜期也稱為生長期，由於無霜期較長，可利用的季節長。

此時長江中下游地區日平均氣溫二十一度至二十四度。棉花分批採摘，秋玉米等作物加強後期的田間管理。

秋分以後，按常年規律，蘇、浙、滬的入秋期在九月底至十月初。東北、新疆等地多半在八月中下旬入秋，黃河下游地區九月中旬入秋，華南大地十月底至十一月都會有秋涼的感覺。

寒露時，北方冷空氣熱力增強，中國大部分地區受冷的高氣壓控制，雨季結束，經常晴空萬里，日暖夜涼，日溫差大，有利晚稻結實。寒露節氣是長江流域直播油菜適宜期，江北地區開始播種冬小麥。

霜降時，全國各地的初霜日，南北相差很大，如東北的長春，在秋分時就有了初霜，而南方的廣州，通常說來，霜是罕見的，即使有，到冬至才見初霜。

立冬時節，黃河中下游開始結冰的日期是十一月一日至十一日，與立冬是一致的，但在長江流域，真正的冬季要比立冬遲半個月左右。

長江中下游地區日平均氣溫十度至十三度，降雨量二十毫米至四十毫米。晚稻收曬正忙。冬小麥播種開始掃尾。

小雪時節，就全國而言，長江流域平均情況二月中下旬降雪；東北地區的初雪要提前到十一月初以前；在福州、柳州、百色以南，是終年不見雪的。此時長江中下游地區日平均氣

溫七度至十度，降雨或降雪量十至二十毫米。這時牲畜的保暖越冬工作開始。

　　大寒時正值「數九寒天」，實為一年中冷的季節，再往後便是「水暖三分」的立春了。長江中下游地區日平均氣溫一度至三度，降雪或降雨量十毫米至三十毫米。主要農事活動：積肥、造肥，冬修水利掃尾，開始綠化植樹，清理改造魚塘等。

閱讀連結

　　二十四節氣的命名反映了季節、氣候變化等。

　　立春、春分、立夏、夏至、立秋、秋分、立冬、冬至表示寒暑變化；小暑、大暑、處暑、小寒、大寒象徵溫度變化。

　　雨水、穀雨、白露、寒露、霜降、小雪、大雪反映降水量；驚蟄、清明、小滿、芒種反應物候或農事。

　　春分、秋分、夏至、冬至反映了太陽高度變化；立春、立夏、立秋、立冬反映了四季開始；白露、寒露、霜降實質上反映了氣溫逐漸下降的過程。驚蟄、清明反映了自然物候現象。

國家圖書館出版品預行編目（CIP）資料

農學春秋：農學歷史與農業科技 / 李姍姍 編著 . -- 第一版 .
-- 臺北市：崧燁文化 , 2020.04
　　面；　　公分
POD 版

ISBN 978-986-516-110-1(平裝)

1. 農業史 2. 中國

430.92　　　　　　　　　　　　　108018492

書　　　名：農學春秋：農學歷史與農業科技
作　　　者：李姍姍 編著
發 行 人：黃振庭
出 版 者：崧燁文化事業有限公司
發 行 者：崧燁文化事業有限公司
E - m a i l：sonbookservice@gmail.com
粉 絲 頁：　　　　　網 址：
地　　　址：台北市中正區重慶南路一段六十一號八樓 815 室
8F.-815, No.61, Sec. 1, Chongqing S. Rd., Zhongzheng
Dist., Taipei City 100, Taiwan (R.O.C.)
電　　　話：(02)2370-3310 傳　真：(02) 2388-1990
總 經 銷：紅螞蟻圖書有限公司
地　　　址：台北市內湖區舊宗路二段 121 巷 19 號
電　　　話:02-2795-3656 傳真:02-2795-4100　　　網址：
印　　　刷：京峯彩色印刷有限公司（京峰數位）
　　本書版權為千華駐科技出版有限公司所有授權崧博出版事業有限公司獨家發行
　　電子書及繁體書繁體字版。若有其他相關權利及授權需求請與本公司聯繫。
定　　　價：250 元
發行日期：2020 年 04 月第一版
◎ 本書以 POD 印製發行